한솔 완벽한 연산

수학은 마라톤입니다.
지금 여러분은 출발 지점에 서 있습니다.
초등학교 저학년 때는
수학 마라톤을 잘 하기 위해
기초 체력을 튼튼히 길러야 합니다.

한솔 완벽한 연산으로 시작하세요.
마라톤을 잘 뛸 수 있는 완벽한 연산 실력을 키워줍니다.

한솔스쿨

? 왜 완벽한 연산인가요?

기초 연산은 물론, 학교 연산까지 이 책 시리즈 하나면 완벽하게 끝나기 때문입니다. '한솔 완벽한 연산'은 하루 8쪽씩, 5일 동안 4주분을 학습하고, 마지막 주에는 학교 시험에 완벽하게 대비할 수 있도록 '연산 UP' 16쪽을 추가로 제공합니다.
매일 꾸준한 연습으로 연산 실력을 키우기에 충분한 학습량입니다.
'한솔 완벽한 연산' 하나면 기초 연산도 학교 연산도 완벽하게 대비할 수 있습니다.

? 몇 단계로 구성되고, 몇 학년이 풀 수 있나요?

모두 6단계로 구성되어 있습니다.
'한솔 완벽한 연산'은 한 단계가 1개 학년이 아닙니다. 연산의 기초 훈련이 가장 필요한 시기인 초등 2~3학년에 집중하여 여러 단계로 구성하였습니다.
이 시기에는 수학의 기초 체력을 튼튼히 길러야 하니까요.

단계	권장 학년	학습 내용
MA	6~7세	100까지의 수, 더하기와 빼기
MB	초등 1~2학년	한 자리 수의 덧셈, 두 자리 수의 덧셈
MC	초등 1~2학년	두 자리 수의 덧셈과 뺄셈
MD	초등 2~3학년	두·세 자리 수의 덧셈과 뺄셈
ME	초등 2~3학년	곱셈구구, (두·세 자리 수)×(한 자리 수), (두·세 자리 수)÷(한 자리 수)
MF	초등 3~4학년	(두·세 자리 수)×(두 자리 수), (두·세 자리 수)÷(두 자리 수), 분수·소수의 덧셈과 뺄셈

책 한 권은 어떻게 구성되어 있나요?

 책 한 권은 모두 4주 학습으로 구성되어 있습니다.
한 주는 모두 40쪽으로 하루에 8쪽씩, 5일 동안 푸는 것을 권장합니다.
마지막 5주차에는 학교 시험에 대비할 수 있는 '연산 UP'을 학습합니다.

'한솔 완벽한 연산'도 매일매일 풀어야 하나요?

 물론입니다. 매일매일 규칙적으로 연습을 해야 연산 능력이 향상되기 때문입니다.
월요일부터 금요일까지 매일 8쪽씩, 4주 동안 규칙적으로 풀고, 마지막 주에
'연산 UP' 16쪽을 다 풀면 한 권 학습이 끝납니다.
매일매일 푸는 습관이 잡히면 개인 진도에 따라 두 달에 3권을 푸는 것도 가능
합니다.

하루 8쪽씩이라구요? 너무 많은 양 아닌가요?

'한솔 완벽한 연산'은 술술 풀면서 잘 넘어가는 학습지입니다.
공부하는 학생 입장에서는 빡빡한 문제를 4쪽 푸는 것보다 술술 넘어가는 문제를
8쪽 푸는 것이 훨씬 큰 성취감을 느낄 수 있습니다.
'한솔 완벽한 연산'은 학생의 연령을 고려해 쪽당 학습량을 전략적으로 구성했습니
다. 그래서 학생이 부담을 덜 느끼면서 효과적으로 학습할 수 있습니다.

학교 진도와 맞추려면 어떻게 공부해야 하나요?

 이 책은 한 권을 한 달 동안 푸는 것을 권장합니다.

각 단계별 학교 진도는 다음과 같습니다.

단계	MA	MB	MC	MD	ME	MF
권 수	8권	5권	7권	7권	7권	7권
학교 진도	초등 이전	초등 1학년	초등 2학년	초등 3학년	초등 3학년	초등 4학년

초등학교 1학년이 3월에 MB 단계부터 매달 1권씩 꾸준히 푼다고 한다면 2학년이 시작될 때 MD 단계를 풀게 되고, 3학년 때 MF 단계(4학년 과정)까지 마무리할 수 있습니다.

이 책 시리즈로 꼼꼼히 학습하게 되면 일반 방문학습지 못지 않게 충분한 연산 실력을 쌓게 되고 조금씩 다음 학년 진도까지 학습할 수 있다는 장점이 있습니다.

매일 꾸준히 성실하게 학습한다면 학년 구분 없이 원하는 진도를 스스로 계획하고 진행해 나갈 수 있습니다.

'연산 UP' 은 어떻게 공부해야 하나요?

'연산 UP'은 4주 동안 훈련한 연산 능력을 확인하는 과정이자 학교에서 흔히 접하는 계산 유형 문제까지 접할 수 있는 코너입니다.

'연산 UP'의 구성은 다음과 같습니다.

1단계		2단계		3단계
4주 학습 총정리 문제	➡	연산력 강화를 위한 연산 활용 문제	➡	연산력 강화를 위한 문장제

'연산 UP'은 모두 16쪽으로 구성되었으므로 하루 8쪽씩 2일 동안 학습하고, 다음 단계로 진행할 것을 권장합니다.

MA 6~7세

권	제목		주차별 학습 내용
1	20까지의 수 1	1주	5까지의 수 (1)
		2주	5까지의 수 (2)
		3주	5까지의 수 (3)
		4주	10까지의 수
2	20까지의 수 2	1주	10까지의 수 (1)
		2주	10까지의 수 (2)
		3주	20까지의 수 (1)
		4주	20까지의 수 (2)
3	20까지의 수 3	1주	20까지의 수 (1)
		2주	20까지의 수 (2)
		3주	20까지의 수 (3)
		4주	20까지의 수 (4)
4	50까지의 수	1주	50까지의 수 (1)
		2주	50까지의 수 (2)
		3주	50까지의 수 (3)
		4주	50까지의 수 (4)
5	1000까지의 수	1주	100까지의 수 (1)
		2주	100까지의 수 (2)
		3주	100까지의 수 (3)
		4주	1000까지의 수
6	수 가르기와 모으기	1주	수 가르기 (1)
		2주	수 가르기 (2)
		3주	수 모으기 (1)
		4주	수 모으기 (2)
7	덧셈의 기초	1주	상황 속 덧셈
		2주	더하기 1
		3주	더하기 2
		4주	더하기 3
8	뺄셈의 기초	1주	상황 속 뺄셈
		2주	빼기 1
		3주	빼기 2
		4주	빼기 3

MB 초등 1 · 2학년 ①

권	제목		주차별 학습 내용
1	덧셈 1	1주	받아올림이 없는 (한 자리 수)+(한 자리 수) (1)
		2주	받아올림이 없는 (한 자리 수)+(한 자리 수) (2)
		3주	받아올림이 없는 (한 자리 수)+(한 자리 수) (3)
		4주	받아올림이 없는 (두 자리 수)+(한 자리 수)
2	덧셈 2	1주	받아올림이 없는 (두 자리 수)+(한 자리 수)
		2주	받아올림이 있는 (한 자리 수)+(한 자리 수) (1)
		3주	받아올림이 있는 (한 자리 수)+(한 자리 수) (2)
		4주	받아올림이 있는 (한 자리 수)+(한 자리 수) (3)
3	뺄셈 1	1주	(한 자리 수)−(한 자리 수) (1)
		2주	(한 자리 수)−(한 자리 수) (2)
		3주	(한 자리 수)−(한 자리 수) (3)
		4주	받아내림이 없는 (두 자리 수)−(한 자리 수)
4	뺄셈 2	1주	받아내림이 없는 (두 자리 수)−(한 자리 수)
		2주	받아내림이 있는 (두 자리 수)−(한 자리 수) (1)
		3주	받아내림이 있는 (두 자리 수)−(한 자리 수) (2)
		4주	받아내림이 있는 (두 자리 수)−(한 자리 수) (3)
5	덧셈과 뺄셈의 완성	1주	(한 자리 수)+(한 자리 수), (한 자리 수)−(한 자리 수)
		2주	세 수의 덧셈, 세 수의 뺄셈 (1)
		3주	(두 자리 수)+(한 자리 수), (두 자리 수)−(한 자리 수)
		4주	세 수의 덧셈, 세 수의 뺄셈 (2)

MC 초등 1·2학년 ②

권	제목		주차별 학습 내용
1	두 자리 수의 덧셈 1	1주	받아올림이 없는 (두 자리 수)+(한 자리 수)
		2주	몇십 만들기
		3주	받아올림이 있는 (두 자리 수)+(한 자리 수) (1)
		4주	받아올림이 있는 (두 자리 수)+(한 자리 수) (2)
2	두 자리 수의 덧셈 2	1주	받아올림이 없는 (두 자리 수)+(두 자리 수) (1)
		2주	받아올림이 없는 (두 자리 수)+(두 자리 수) (2)
		3주	받아올림이 없는 (두 자리 수)+(두 자리 수) (3)
		4주	받아올림이 없는 (두 자리 수)+(두 자리 수) (4)
3	두 자리 수의 덧셈 3	1주	받아올림이 있는 (두 자리 수)+(두 자리 수) (1)
		2주	받아올림이 있는 (두 자리 수)+(두 자리 수) (2)
		3주	받아올림이 있는 (두 자리 수)+(두 자리 수) (3)
		4주	받아올림이 있는 (두 자리 수)+(두 자리 수) (4)
4	두 자리 수의 뺄셈 1	1주	받아내림이 없는 (두 자리 수)-(한 자리 수)
		2주	몇십에서 빼기
		3주	받아내림이 있는 (두 자리 수)-(한 자리 수) (1)
		4주	받아내림이 있는 (두 자리 수)-(한 자리 수) (2)
5	두 자리 수의 뺄셈 2	1주	받아내림이 없는 (두 자리 수)-(두 자리 수) (1)
		2주	받아내림이 없는 (두 자리 수)-(두 자리 수) (2)
		3주	받아내림이 없는 (두 자리 수)-(두 자리 수) (3)
		4주	받아내림이 없는 (두 자리 수)-(두 자리 수) (4)
6	두 자리 수의 뺄셈 3	1주	받아내림이 있는 (두 자리 수)-(두 자리 수) (1)
		2주	받아내림이 있는 (두 자리 수)-(두 자리 수) (2)
		3주	받아내림이 있는 (두 자리 수)-(두 자리 수) (3)
		4주	받아내림이 있는 (두 자리 수)-(두 자리 수) (4)
7	덧셈과 뺄셈의 완성	1주	세 수의 덧셈
		2주	세 수의 뺄셈
		3주	(두 자리 수)+(한 자리 수), (두 자리 수)-(한 자리 수) 종합
		4주	(두 자리 수)+(두 자리 수), (두 자리 수)-(두 자리 수) 종합

MD 초등 2·3학년 ①

권	제목		주차별 학습 내용
1	두 자리 수의 덧셈	1주	받아올림이 있는 (두 자리 수)+(두 자리 수) (1)
		2주	받아올림이 있는 (두 자리 수)+(두 자리 수) (2)
		3주	받아올림이 있는 (두 자리 수)+(두 자리 수) (3)
		4주	받아올림이 있는 (두 자리 수)+(두 자리 수) (4)
2	세 자리 수의 덧셈 1	1주	받아올림이 없는 (세 자리 수)+(두 자리 수)
		2주	받아올림이 있는 (세 자리 수)+(두 자리 수) (1)
		3주	받아올림이 있는 (세 자리 수)+(두 자리 수) (2)
		4주	받아올림이 있는 (세 자리 수)+(두 자리 수) (3)
3	세 자리 수의 덧셈 2	1주	받아올림이 없는 (세 자리 수)+(세 자리 수) (1)
		2주	받아올림이 있는 (세 자리 수)+(세 자리 수) (2)
		3주	받아올림이 있는 (세 자리 수)+(세 자리 수) (3)
		4주	받아올림이 있는 (세 자리 수)+(세 자리 수) (4)
4	두·세 자리 수의 뺄셈	1주	받아내림이 있는 (두 자리 수)-(두 자리 수) (1)
		2주	받아내림이 있는 (두 자리 수)-(두 자리 수) (2)
		3주	받아내림이 있는 (두 자리 수)-(두 자리 수) (3)
		4주	받아내림이 없는 (세 자리 수)-(두 자리 수)
5	세 자리 수의 뺄셈 1	1주	받아내림이 있는 (세 자리 수)-(두 자리 수) (1)
		2주	받아내림이 있는 (세 자리 수)-(두 자리 수) (2)
		3주	받아내림이 있는 (세 자리 수)-(두 자리 수) (3)
		4주	받아내림이 있는 (세 자리 수)-(두 자리 수) (4)
6	세 자리 수의 뺄셈 2	1주	받아내림이 있는 (세 자리 수)-(세 자리 수) (1)
		2주	받아내림이 있는 (세 자리 수)-(세 자리 수) (2)
		3주	받아내림이 있는 (세 자리 수)-(세 자리 수) (3)
		4주	받아내림이 있는 (세 자리 수)-(세 자리 수) (4)
7	덧셈과 뺄셈의 완성	1주	덧셈의 완성 (1)
		2주	덧셈의 완성 (2)
		3주	뺄셈의 완성 (1)
		4주	뺄셈의 완성 (2)

ME 초등 2·3학년 ②

권	제목	주차별 학습 내용	
1	곱셈구구	1주	곱셈구구 (1)
		2주	곱셈구구 (2)
		3주	곱셈구구 (3)
		4주	곱셈구구 (4)
2	(두 자리 수)×(한 자리 수) 1	1주	곱셈구구 종합
		2주	(두 자리 수)×(한 자리 수) (1)
		3주	(두 자리 수)×(한 자리 수) (2)
		4주	(두 자리 수)×(한 자리 수) (3)
3	(두 자리 수)×(한 자리 수) 2	1주	(두 자리 수)×(한 자리 수) (1)
		2주	(두 자리 수)×(한 자리 수) (2)
		3주	(두 자리 수)×(한 자리 수) (3)
		4주	(두 자리 수)×(한 자리 수) (4)
4	(세 자리 수)×(한 자리 수)	1주	(세 자리 수)×(한 자리 수) (1)
		2주	(세 자리 수)×(한 자리 수) (2)
		3주	(세 자리 수)×(한 자리 수) (3)
		4주	곱셈 종합
5	(두 자리 수)÷(한 자리 수) 1	1주	나눗셈의 기초 (1)
		2주	나눗셈의 기초 (2)
		3주	나눗셈의 기초 (3)
		4주	(두 자리 수)÷(한 자리 수)
6	(두 자리 수)÷(한 자리 수) 2	1주	(두 자리 수)÷(한 자리 수) (1)
		2주	(두 자리 수)÷(한 자리 수) (2)
		3주	(두 자리 수)÷(한 자리 수) (3)
		4주	(두 자리 수)÷(한 자리 수) (4)
7	(두·세 자리 수)÷(한 자리 수)	1주	(두 자리 수)÷(한 자리 수) (1)
		2주	(두 자리 수)÷(한 자리 수) (2)
		3주	(세 자리 수)÷(한 자리 수) (1)
		4주	(세 자리 수)÷(한 자리 수) (2)

MF 초등 3·4학년

권	제목	주차별 학습 내용	
1	(두 자리 수)×(두 자리 수)	1주	(두 자리 수)×(한 자리 수)
		2주	(두 자리 수)×(두 자리 수) (1)
		3주	(두 자리 수)×(두 자리 수) (2)
		4주	(두 자리 수)×(두 자리 수) (3)
2	(두·세 자리 수)×(두 자리 수)	1주	(두 자리 수)×(두 자리 수)
		2주	(세 자리 수)×(두 자리 수) (1)
		3주	(세 자리 수)×(두 자리 수) (2)
		4주	곱셈의 완성
3	(두 자리 수)÷(두 자리 수)	1주	(두 자리 수)÷(두 자리 수) (1)
		2주	(두 자리 수)÷(두 자리 수) (2)
		3주	(두 자리 수)÷(두 자리 수) (3)
		4주	(두 자리 수)÷(두 자리 수) (4)
4	(세 자리 수)÷(두 자리 수)	1주	(두 자리 수)÷(두 자리 수) (1)
		2주	(세 자리 수)÷(두 자리 수) (1)
		3주	(세 자리 수)÷(두 자리 수) (2)
		4주	나눗셈의 완성
5	혼합 계산	1주	혼합 계산 (1)
		2주	혼합 계산 (2)
		3주	혼합 계산 (3)
		4주	곱셈과 나눗셈, 혼합 계산 총정리
6	분수의 덧셈과 뺄셈	1주	분수의 덧셈 (1)
		2주	분수의 덧셈 (2)
		3주	분수의 뺄셈 (1)
		4주	분수의 뺄셈 (2)
7	소수의 덧셈과 뺄셈	1주	분수의 덧셈과 뺄셈
		2주	소수의 기초, 소수의 덧셈과 뺄셈 (1)
		3주	소수의 덧셈과 뺄셈 (2)
		4주	소수의 덧셈과 뺄셈 (3)

주별 학습 내용 MD단계 **7**권

덧셈의 완성 (1)

1주차

요일	교재 번호	학습한 날짜		확인
1일차(월)	01~08	월	일	
2일차(화)	09~16	월	일	
3일차(수)	17~24	월	일	
4일차(목)	25~32	월	일	
5일차(금)	33~40	월	일	

● 덧셈을 하세요.

(1)
```
    1 0
+   1 0
─────────
```

(5)
```
    2 3
+   2 0
─────────
```

(2)
```
    2 0
+   1 0
─────────
```

(6)
```
    3 1
+   1 5
─────────
```

(3)
```
    2 0
+   3 3
─────────
```

(7)
```
    2 7
+   2 2
─────────
```

(4)
```
    4 4
+   1 0
─────────
```

(8)
```
    1 6
+   3 2
─────────
```

(9)
```
    4 0
+   2 0
———————
```

(13)
```
    6 5
+   2 3
———————
```

(10)
```
    2 0
+   3 2
———————
```

(14)
```
    4 4
+   2 4
———————
```

(11)
```
    3 2
+   3 1
———————
```

(15)
```
    6 1
+   1 2
———————
```

(12)
```
    5 8
+   1 0
———————
```

(16)
```
    1 2
+   7 5
———————
```

MD01 덧셈의 완성 (1)

● 덧셈을 하세요.

(1)
```
    1  3
 +  1  7
_____
```

(5)
```
    3  2
 +  1  9
_____
```

(2)
```
    1  2
 +  1  8
_____
```

(6)
```
    3  5
 +  2  7
_____
```

(3)
```
    1  6
 +  2  4
_____
```

(7)
```
    3  3
 +  1  9
_____
```

(4)
```
    2  8
 +  2  2
_____
```

(8)
```
    4  6
 +  1  6
_____
```

(9)
```
    3 6
 + 1 5
```

(13)
```
    2 9
 + 4 2
```

(10)
```
    5 3
 + 2 8
```

(14)
```
    2 5
 + 5 4
```

(11)
```
    3 4
 + 3 7
```

(15)
```
    1 9
 + 6 1
```

(12)
```
    2 5
 + 3 5
```

(16)
```
    1 7
 + 7 5
```

MD01 덧셈의 완성 (1)

● 덧셈을 하세요.

(1)
```
    9 0
  + 1 0
  -----
```

(5)
```
    3 2
  + 1 8
  -----
```

(2)
```
    8 0
  + 3 0
  -----
```

(6)
```
    9 0
  + 2 2
  -----
```

(3)
```
    7 0
  + 3 0
  -----
```

(7)
```
    9 3
  + 3 0
  -----
```

(4)
```
    6 0
  + 4 0
  -----
```

(8)
```
    6 6
  + 5 2
  -----
```

(9)
```
    4 3
+   7 5
─────────
```

(13)
```
    5 2
+   4 2
─────────
```

(10)
```
    5 3
+   8 2
─────────
```

(14)
```
    8 4
+   5 4
─────────
```

(11)
```
    3 4
+   9 1
─────────
```

(15)
```
    7 8
+   6 1
─────────
```

(12)
```
    2 5
+   8 0
─────────
```

(16)
```
    5 3
+   7 5
─────────
```

MD01 덧셈의 완성 (1)

● 덧셈을 하세요.

(1)
```
    8 3
+   1 7
```

(5)
```
    3 2
+   6 9
```

(2)
```
    7 4
+   2 6
```

(6)
```
    3 5
+   9 7
```

(3)
```
    8 6
+   2 4
```

(7)
```
    3 3
+   7 9
```

(4)
```
    7 6
+   2 2
```

(8)
```
    4 6
+   5 6
```

(9)
```
    4 6
+   9 5
───────
```

(13)
```
    2 9
+   8 2
───────
```

(10)
```
    5 3
+   8 8
───────
```

(14)
```
    5 5
+   5 7
───────
```

(11)
```
    2 3
+   7 7
───────
```

(15)
```
    1 9
+   9 1
───────
```

(12)
```
    2 5
+   9 5
───────
```

(16)
```
    8 7
+   7 5
───────
```

MD01 덧셈의 완성 (1)

● 덧셈을 하세요.

(1)
```
   1 3
 + 9 7
```

(5)
```
   3 2
 + 8 5
```

(2)
```
   8 4
 + 1 8
```

(6)
```
   3 5
 + 9 7
```

(3)
```
   7 6
 + 2 4
```

(7)
```
   9 3
 + 1 9
```

(4)
```
   9 8
 + 2 2
```

(8)
```
   4 6
 + 5 3
```

(9)

```
    4 6
+   6 5
─────────
```

(13)

```
    9 9
+   4 2
─────────
```

(10)

```
    5 3
+   9 8
─────────
```

(14)

```
    8 5
+   5 4
─────────
```

(11)

```
    3 4
+   8 7
─────────
```

(15)

```
    7 9
+   6 1
─────────
```

(12)

```
    2 5
+   7 5
─────────
```

(16)

```
    6 7
+   7 5
─────────
```

MD01 덧셈의 완성 (1)

● 덧셈을 하세요.

(1)
```
    1 3
+   1 0
```

(5)
```
    3 3
+   9 9
```

(2)
```
    6 0
+   7 0
```

(6)
```
    3 5
+   7 0
```

(3)
```
    1 0
+   9 4
```

(7)
```
    4 4
+   1 9
```

(4)
```
    2 8
+   4 2
```

(8)
```
    1 6
+   8 6
```

(9)

```
  3 6
+ 1 1
─────
```

(13)

```
  2 9
+ 7 2
─────
```

(10)

```
  5 3
+ 8 8
─────
```

(14)

```
  2 5
+ 9 4
─────
```

(11)

```
  8 4
+ 3 3
─────
```

(15)

```
  1 5
+ 6 1
─────
```

(12)

```
  2 5
+ 3 9
─────
```

(16)

```
  2 8
+ 7 5
─────
```

MD01 덧셈의 완성 (1)

● 덧셈을 하세요.

(1)
```
    2 0 0
  +     6
  -------
```

(5)
```
    6 0 0
  +   9 2
  -------
```

(2)
```
    3 0 1
  +     7
  -------
```

(6)
```
    3 4 3
  +   2 1
  -------
```

(3)
```
    4 1 0
  +     4
  -------
```

(7)
```
    4 3 9
  +   2 0
  -------
```

(4)
```
    3 3 5
  +     4
  -------
```

(8)
```
    5 3 8
  +   1 1
  -------
```

(9)
```
    4 2 2
  +   1 1
  _____
```

(13)
```
    3 7 9
  +   2 0
  _____
```

(10)
```
    3 5 1
  +   2 0
  _____
```

(14)
```
    2 8 7
  +   1 1
  _____
```

(11)
```
    6 3 7
  +   4 2
  _____
```

(15)
```
    5 3 8
  +   2 0
  _____
```

(12)
```
    2 4 5
  +   1 3
  _____
```

(16)
```
    4 6 5
  +   3 2
  _____
```

● 덧셈을 하세요.

(1)
```
    2 0 7
+       7
─────────
```

(5)
```
    4 3 1
+     2 9
─────────
```

(2)
```
    1 1 3
+       8
─────────
```

(6)
```
    5 5 6
+     2 6
─────────
```

(3)
```
    4 0 4
+       8
─────────
```

(7)
```
    3 1 7
+     5 4
─────────
```

(4)
```
    3 8 3
+       5
─────────
```

(8)
```
    2 3 9
+     5 6
─────────
```

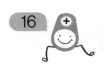

(9)
```
    2 0 6
  +   1 5
  ───────
```

(13)
```
    6 5 9
  +   3 5
  ───────
```

(10)
```
    4 3 3
  +   1 7
  ───────
```

(14)
```
    2 6 8
  +   2 9
  ───────
```

(11)
```
    3 6 2
  +   2 5
  ───────
```

(15)
```
    7 7 7
  +   1 5
  ───────
```

(12)
```
    5 4 7
  +   2 8
  ───────
```

(16)
```
    4 0 9
  +   3 3
  ───────
```

MD01 덧셈의 완성 (1)

● 덧셈을 하세요.

(1)
```
    2 7 0
+     5 0
─────────
```

(5)
```
    4 5 3
+     8 0
─────────
```

(2)
```
    3 6 0
+     7 0
─────────
```

(6)
```
    2 9 1
+     4 5
─────────
```

(3)
```
    4 6 0
+     4 2
─────────
```

(7)
```
    1 1 2
+     9 6
─────────
```

(4)
```
    3 8 0
+     1 1
─────────
```

(8)
```
    5 9 3
+     2 2
─────────
```

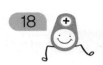

(9)
```
    2 5 5
  +   8 4
  -------
```

(13)
```
    4 3 1
  +   7 3
  -------
```

(10)
```
    3 4 0
  +   6 2
  -------
```

(14)
```
    8 8 3
  +   6 4
  -------
```

(11)
```
    5 6 1
  +   7 1
  -------
```

(15)
```
    6 8 9
  +   8 0
  -------
```

(12)
```
    7 4 3
  +   9 6
  -------
```

(16)
```
    4 7 8
  +   9 1
  -------
```

MD01 덧셈의 완성 (1)

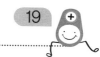

● 덧셈을 하세요.

(1)
```
    2 7 4
+     2 6
───────────
```

(5)
```
    5 8 8
+     1 9
───────────
```

(2)
```
    6 6 5
+     3 5
───────────
```

(6)
```
    3 8 6
+     2 1
───────────
```

(3)
```
    4 8 6
+     1 8
───────────
```

(7)
```
    2 5 9
+     9 2
───────────
```

(4)
```
    5 3 8
+     6 5
───────────
```

(8)
```
    1 4 5
+     6 7
───────────
```

(9)

```
    3 4 5
+     7 9
─────────
```

(13)

```
    9 2 0
+     9 0
─────────
```

(10)

```
    5 7 2
+     2 8
─────────
```

(14)

```
    4 2 7
+     7 7
─────────
```

(11)

```
    4 5 5
+     6 6
─────────
```

(15)

```
    6 9 9
+     6 9
─────────
```

(12)

```
    7 3 7
+     8 5
─────────
```

(16)

```
    8 8 4
+     4 7
─────────
```

MD01 덧셈의 완성 (1)

● 덧셈을 하세요.

(1)
```
    9 9 4
+       6
─────────
```

(5)
```
    9 9 0
+     1 0
─────────
```

(2)
```
    9 9 1
+       9
─────────
```

(6)
```
    9 5 0
+   5 0
─────────
```

(3)
```
    9 9 3
+       8
─────────
```

(7)
```
    9 9 0
+   4 4
─────────
```

(4)
```
    9 9 5
+       9
─────────
```

(8)
```
    9 7 1
+   3 8
─────────
```

(9)
```
    3 4 0
+     9 2
─────────
```

(13)
```
    9 8 5
+     2 7
─────────
```

(10)
```
    4 3 3
+     8 6
─────────
```

(14)
```
    9 3 2
+     6 9
─────────
```

(11)
```
    6 1 9
+     3 3
─────────
```

(15)
```
    9 7 0
+     3 0
─────────
```

(12)
```
    9 3 5
+     6 5
─────────
```

(16)
```
    9 6 0
+     7 1
─────────
```

MD01 덧셈의 완성 (1)

● 덧셈을 하세요.

(1)
```
    1 7 0
+     6 0
─────────
```

(5)
```
    3 5 1
+     3 9
─────────
```

(2)
```
    1 6 0
+     8 3
─────────
```

(6)
```
    3 9 2
+     5 5
─────────
```

(3)
```
    2 7 7
+     4 9
─────────
```

(7)
```
    1 2 3
+     9 8
─────────
```

(4)
```
    2 7 9
+     1 4
─────────
```

(8)
```
    4 8 6
+     2 2
─────────
```

(9)
```
    5 5 5
  +   8 4
  _____
```

(13)
```
    6 3 8
  +   2 2
  _____
```

(10)
```
    7 0 2
  +   6 8
  _____
```

(14)
```
    4 8 3
  +   1 9
  _____
```

(11)
```
    3 6 1
  +   7 9
  _____
```

(15)
```
    7 8 3
  +   8 3
  _____
```

(12)
```
    8 4 3
  +   5 6
  _____
```

(16)
```
    9 0 1
  +   9 9
  _____
```

● 덧셈을 하세요.

(1)
```
    2 0 0
+   1 0 0
─────────
```

(5)
```
    3 8 8
+   1 0 1
─────────
```

(2)
```
    3 0 0
+   2 4 0
─────────
```

(6)
```
    2 4 7
+   3 1 1
─────────
```

(3)
```
    1 8 0
+   3 0 0
─────────
```

(7)
```
    1 5 0
+   1 3 2
─────────
```

(4)
```
    2 1 1
+   3 2 5
─────────
```

(8)
```
    1 4 5
+   2 4 2
─────────
```

(9)
```
    3 4 5
  + 1 0 0
  ───────
```

(13)
```
    2 9 6
  + 1 0 3
  ───────
```

(10)
```
    5 8 2
  + 2 0 1
  ───────
```

(14)
```
    4 3 7
  + 3 4 1
  ───────
```

(11)
```
    1 0 5
  + 1 2 2
  ───────
```

(15)
```
    6 8 9
  + 3 1 0
  ───────
```

(12)
```
    7 8 7
  + 1 1 1
  ───────
```

(16)
```
    5 2 4
  + 1 4 4
  ───────
```

MD01 덧셈의 완성 (1)

● 덧셈을 하세요.

(1)
```
    1 0 6
+   1 0 4
─────────
```

(5)
```
    3 7 6
+   1 1 4
─────────
```

(2)
```
    4 0 7
+   1 4 3
─────────
```

(6)
```
    1 4 9
+   3 1 2
─────────
```

(3)
```
    3 8 3
+   2 0 8
─────────
```

(7)
```
    1 4 6
+   1 4 2
─────────
```

(4)
```
    2 1 5
+   3 2 5
─────────
```

(8)
```
    1 6 5
+   2 2 8
─────────
```

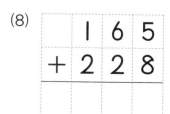

(9)
```
    3 4 5
  + 1 0 8
  -------
```

(13)
```
    2 4 6
  + 1 0 6
  -------
```

(10)
```
    5 8 2
  + 2 0 8
  -------
```

(14)
```
    4 3 7
  + 3 4 7
  -------
```

(11)
```
    8 0 5
  + 1 2 9
  -------
```

(15)
```
    6 4 9
  + 3 1 9
  -------
```

(12)
```
    7 3 7
  + 1 1 9
  -------
```

(16)
```
    5 2 4
  + 1 4 8
  -------
```

● 덧셈을 하세요.

(1)
```
    2 7 0
+   2 3 0
─────────
```

(5)
```
    3 0 8
+   1 9 1
─────────
```

(2)
```
    1 6 0
+   2 4 0
─────────
```

(6)
```
    2 4 7
+   3 8 0
─────────
```

(3)
```
    3 8 0
+   1 3 3
─────────
```

(7)
```
    1 5 0
+   1 3 2
─────────
```

(4)
```
    1 1 1
+   4 9 5
─────────
```

(8)
```
    1 4 5
+   2 9 2
─────────
```

(9)
```
   7 4 5
 + 1 7 0
---------
```

(13)
```
   2 9 6
 + 5 4 3
---------
```

(10)
```
   5 8 2
 + 3 5 1
---------
```

(14)
```
   4 6 7
 + 2 4 1
---------
```

(11)
```
   1 9 5
 + 3 2 2
---------
```

(15)
```
   6 8 9
 + 2 8 0
---------
```

(12)
```
   3 8 7
 + 2 6 1
---------
```

(16)
```
   5 9 2
 + 2 4 6
---------
```

MD01 덧셈의 완성 (1)

● 덧셈을 하세요.

(1)
```
    2 0 0
+   8 0 0
─────────
```

(5)
```
    9 8 8
+   1 0 1
─────────
```

(2)
```
    9 0 0
+   2 4 0
─────────
```

(6)
```
    7 4 7
+   3 1 1
─────────
```

(3)
```
    7 8 0
+   3 0 0
─────────
```

(7)
```
    1 2 0
+   8 6 2
─────────
```

(4)
```
    9 1 1
+   3 2 5
─────────
```

(8)
```
    8 3 5
+   2 5 2
─────────
```

(9)

```
    3 3 3
  + 9 1 2
```

(13)

```
    2 9 0
  + 8 0 9
```

(10)

```
    5 8 1
  + 9 0 2
```

(14)

```
    4 3 1
  + 7 4 7
```

(11)

```
    1 0 3
  + 9 2 4
```

(15)

```
    6 8 4
  + 6 1 5
```

(12)

```
    7 3 7
  + 8 6 1
```

(16)

```
    5 2 4
  + 5 4 4
```

MD01 덧셈의 완성 (1)

● 덧셈을 하세요.

(1)
```
  1 8 8
+ 1 2 2
───────
```

(2)
```
  3 5 9
+ 2 4 1
───────
```

(3)
```
  1 9 8
+ 3 0 4
───────
```

(4)
```
  4 1 1
+ 1 9 9
───────
```

(5)
```
  3 8 8
+ 1 1 3
───────
```

(6)
```
  2 4 7
+ 3 8 4
───────
```

(7)
```
  2 7 9
+ 1 3 2
───────
```

(8)
```
  1 4 5
+ 2 4 9
───────
```

(9)

```
    3 4 5
  + 1 8 8
  -------
```

(13)

```
    2 9 5
  + 1 3 5
  -------
```

(10)

```
    5 8 2
  + 2 7 9
  -------
```

(14)

```
    4 3 7
  + 3 9 4
  -------
```

(11)

```
    1 8 9
  + 1 2 2
  -------
```

(15)

```
    6 7 9
  + 2 8 7
  -------
```

(12)

```
    7 8 7
  + 1 8 6
  -------
```

(16)

```
    5 2 4
  + 1 9 7
  -------
```

MD01 덧셈의 완성 (1)

● 덧셈을 하세요.

(1)
```
    8 0 9
 +  2 0 1
```

(5)
```
    9 8 9
 +  1 0 1
```

(2)
```
    7 0 4
 +  3 4 6
```

(6)
```
    2 4 7
 +  8 1 8
```

(3)
```
    9 8 7
 +  3 0 7
```

(7)
```
    1 5 9
 +  9 3 2
```

(4)
```
    7 1 5
 +  3 2 5
```

(8)
```
    9 4 5
 +  2 4 8
```

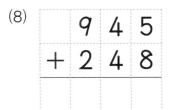

(9)
```
    3 4 0
+   6 6 0
─────────
```

(13)
```
    2 9 6
+   9 7 3
─────────
```

(10)
```
    5 8 0
+   5 1 0
─────────
```

(14)
```
    7 6 7
+   4 4 1
─────────
```

(11)
```
    8 8 0
+   1 2 2
─────────
```

(15)
```
    6 8 9
+   3 8 0
─────────
```

(12)
```
    9 9 7
+   1 1 0
─────────
```

(16)
```
    5 9 4
+   8 4 4
─────────
```

● 덧셈을 하세요.

(1)
```
    9 9 9
+   1 0 1
─────────
```

(5)
```
    3 8 8
+   8 5 9
─────────
```

(2)
```
    9 0 8
+   2 4 2
─────────
```

(6)
```
    2 4 6
+   9 8 8
─────────
```

(3)
```
    1 8 7
+   8 6 6
─────────
```

(7)
```
    1 5 8
+   8 9 2
─────────
```

(4)
```
    2 1 1
+   9 8 9
─────────
```

(8)
```
    9 4 5
+   2 8 9
─────────
```

(9)
```
    3 4 4
  + 9 8 6
  ───────
```

(13)
```
    4 9 8
  + 5 0 4
  ───────
```

(10)
```
    3 8 1
  + 9 8 9
  ───────
```

(14)
```
    4 1 7
  + 6 8 8
  ───────
```

(11)
```
    1 0 5
  + 9 9 6
  ───────
```

(15)
```
    5 6 9
  + 4 3 9
  ───────
```

(12)
```
    7 7 7
  + 7 2 7
  ───────
```

(16)
```
    6 2 7
  + 9 7 6
  ───────
```

MD01 덧셈의 완성 (1)

● 덧셈을 하세요.

(1)
```
    4 0 0
+   1 0 0
─────────
```

(5)
```
    3 8 8
+   9 0 1
─────────
```

(2)
```
    2 0 0
+   3 6 0
─────────
```

(6)
```
    2 4 7
+   3 8 8
─────────
```

(3)
```
    3 9 0
+   1 4 0
─────────
```

(7)
```
    9 5 8
+   1 3 2
─────────
```

(4)
```
    2 1 1
+   3 2 9
─────────
```

(8)
```
    8 8 5
+   2 4 2
─────────
```

(9)
```
   3 4 5
+  1 4 0
─────────
```

(13)
```
   2 9 6
+  5 8 7
─────────
```

(10)
```
   3 6 3
+  4 2 7
─────────
```

(14)
```
   4 3 7
+  3 7 1
─────────
```

(11)
```
   9 0 9
+  1 2 2
─────────
```

(15)
```
   6 8 9
+  3 9 1
─────────
```

(12)
```
   7 8 7
+  1 2 4
─────────
```

(16)
```
   4 1 6
+  2 5 6
─────────
```

덧셈의 완성 (2)

2주차

요일	교재 번호	학습한 날짜		확인
1일차(월)	01~08	월	일	
2일차(화)	09~16	월	일	
3일차(수)	17~24	월	일	
4일차(목)	25~32	월	일	
5일차(금)	33~40	월	일	

● 덧셈을 하세요.

(1)
```
  4 3
+ 3 0
```

(5)
```
  3 5
+ 5 0
```

(2)
```
  2 4
+ 3 1
```

(6)
```
  6 4
+ 1 3
```

(3)
```
  7 2
+ 1 6
```

(7)
```
  3 5
+ 4 4
```

(4) 52+20

(8) 16+51

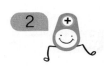

(9)
```
   3 2
 + 1 6
```

(13)
```
   4 1
 + 2 2
```

(10)
```
   2 5
 + 4 3
```

(14)
```
   5 2
 + 1 3
```

(11)
```
   1 4
 + 4 2
```

(15)
```
   8 1
 + 1 3
```

(12) $73 + 14$

(16) $24 + 35$

● 덧셈을 하세요.

(1)
```
    6 6
  + 2 4
```

(5)
```
    2 8
  + 1 5
```

(2)
```
    7 4
  + 1 7
```

(6)
```
    3 7
  + 1 2
```

(3)
```
    5 6
  + 2 8
```

(7)
```
    5 5
  + 3 8
```

(4) $43+49$

(8) $47+27$

(9)
$$\begin{array}{r} 7\ 7 \\ +\ 3\ 0 \\ \hline \end{array}$$

(13)
$$\begin{array}{r} 8\ 3 \\ +\ 4\ 2 \\ \hline \end{array}$$

(10)
$$\begin{array}{r} 5\ 0 \\ +\ 8\ 0 \\ \hline \end{array}$$

(14)
$$\begin{array}{r} 6\ 3 \\ +\ 7\ 0 \\ \hline \end{array}$$

(11)
$$\begin{array}{r} 7\ 3 \\ +\ 1\ 9 \\ \hline \end{array}$$

(15)
$$\begin{array}{r} 4\ 8 \\ +\ 2\ 4 \\ \hline \end{array}$$

(12) $56 + 72$

(16) $65 + 62$

● 덧셈을 하세요.

(1)
```
   3 3
 + 7 2
```

(5)
```
   9 0
 + 9 1
```

(2)
```
   7 2
 + 1 8
```

(6)
```
   8 4
 + 4 2
```

(3)
```
   6 9
 + 1 2
```

(7)
```
   4 7
 + 1 8
```

(4) 41 + 73

(8) 34 + 28

(9)
```
   7 4
+  4 5
```

(13)
```
   4 9
+  1 5
```

(10)
```
   5 4
+  7 2
```

(14)
```
   8 4
+  7 1
```

(11)
```
   3 3
+  8 4
```

(15)
```
   7 3
+  3 0
```

(12) 58＋28

(16) 66＋29

● 덧셈을 하세요.

(1)
```
   7 5
 + 4 9
```

(5)
```
   6 6
 + 7 7
```

(2)
```
   8 5
 + 5 8
```

(6)
```
   8 9
 + 2 1
```

(3)
```
   3 7
 + 7 8
```

(7)
```
   7 3
 + 2 7
```

(4) 84＋49

(8) 54＋67

(9)
```
   4 5
 + 5 1
```

(13)
```
   5 6
 + 8 7
```

(10)
```
   3 7
 + 4 6
```

(14)
```
   4 5
 + 2 7
```

(11)
```
   8 1
 + 4 3
```

(15)
```
   6 5
 + 8 3
```

(12) 33+78

(16) 94+17

● 덧셈을 하세요.

(1)
```
   1 8
 + 2 9
```

(5)
```
   7 3
 + 5 8
```

(2)
```
   4 7
 + 7 8
```

(6)
```
   6 3
 + 7 3
```

(3)
```
   4 8
 + 6 1
```

(7)
```
   3 2
 + 6 9
```

(4) 83＋27

(8) 63＋29

(9)
```
   5 4
 + 8 7
```

(13)
```
   7 3
 + 8 2
```

(10)
```
   7 1
 + 5 4
```

(14)
```
   4 6
 + 8 7
```

(11)
```
   5 2
 + 7 8
```

(15)
```
   4 7
 + 7 8
```

(12) 64+40

(16) 15+85

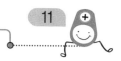

● 덧셈을 하세요.

(1)
```
    4 2 5
  +     2
  -------
```

(5)
```
    8 3 5
  +     3
  -------
```

(2)
```
    5 4 6
  +     1
  -------
```

(6)
```
    7 2 4
  +     5
  -------
```

(3)
```
    6 3 4
  +     5
  -------
```

(7)
```
    3 2 6 5
  +       3
  ---------
```

(4) 463+5

(8) 632+4

(9)
```
    3 6 2
 +     9
```

(13)
```
    4 6 8
 +     4
```

(10)
```
    5 0 7
 +     8
```

(14)
```
    7 2 6
 +     6
```

(11)
```
    6 1 5
 +     7
```

(15)
```
    4 5 7 2
 +       8
```

(12) 702+9

(16) 589+1

MD02 덧셈의 완성 (2)

● 덧셈을 하세요.

(1)
```
    1 8 4
  +     8
```

(5)
```
    1 7 5
  +     9
```

(2)
```
    4 7 5
  +     6
```

(6)
```
    2 5 3
  +     8
```

(3)
```
    1 8 9
  +     5
```

(7)
```
    5 0 8 6
  +       6
```

(4) $208+4$

(8) $352+9$

(9)
```
    8 3 9
  +     7
```

(13)
```
    2 3 8
  +     2
```

(10)
```
    4 7 3
  +     7
```

(14)
```
    5 9 9
  +     4
```

(11)
```
    6 9 4
  +     8
```

(15)
```
    4 8 5 1
  +       9
```

(12) 756+8

(16) 899+1

MD02 덧셈의 완성 (2)

● 덧셈을 하세요.

(1)
$$\begin{array}{r} 2\ 7\ 6 \\ +\ \ 1\ 3 \\ \hline \end{array}$$

(5)
$$\begin{array}{r} 4\ 1\ 2 \\ +\ \ 2\ 2 \\ \hline \end{array}$$

(2)
$$\begin{array}{r} 7\ 2\ 3 \\ +\ \ 2\ 4 \\ \hline \end{array}$$

(6)
$$\begin{array}{r} 5\ 2\ 4 \\ +\ \ 3\ 4 \\ \hline \end{array}$$

(3)
$$\begin{array}{r} 8\ 3\ 5 \\ +\ \ 4\ 1 \\ \hline \end{array}$$

(7)
$$\begin{array}{r} 3\ 2\ 7\ 4 \\ +\ \ \ \ 1\ 0 \\ \hline \end{array}$$

(4) 600+31

(8) 904+20

(9)
```
    3 4 8
 +    1 7
```

(13)
```
    7 2 6
 +    3 7
```

(10)
```
    6 6 3
 +    2 8
```

(14)
```
    4 3 5
 +    1 5
```

(11)
```
    8 4 2
 +    3 9
```

(15)
```
  1 1 5 8
 +    1 2
```

(12) 531+19

(16) 111+29

● 덧셈을 하세요.

(1)
```
    7 8 3
  +   5 4
  ───────
```

(5)
```
    6 7 5
  +   6 2
  ───────
```

(2)
```
    8 5 2
  +   6 6
  ───────
```

(6)
```
    5 5 4
  +   7 5
  ───────
```

(3)
```
    7 4 5
  +   8 3
  ───────
```

(7)
```
    1 5 1 1
  +     9 0
  ───────
```

(4) 663+72

(8) 264+84

(9)
```
    8 3 9
 +    3 4
```

(13)
```
    6 5 4
 +    1 9
```

(10)
```
    5 7 6
 +    8 0
```

(14)
```
    4 9 8
 +    3 1
```

(11)
```
    2 7 3
 +    1 8
```

(15)
```
    7 4 6 5
 +      2 7
```

(12) 338+13

(16) 799+50

MD02 덧셈의 완성 (2)

● 덧셈을 하세요.

(1)
```
  2 3 6
+   1 8
```

(5)
```
  7 7 6
+   3 1
```

(2)
```
  4 9 3
+   3 3
```

(6)
```
  6 4 8
+   2 3
```

(3)
```
  5 2 4
+   9 2
```

(7)
```
  1 0 9 0
+     1 3
```

(4) $737+28$

(8) $524+44$

(9)
```
    2 9 4
+     3 1
```

(13)
```
    4 0 1
+     8 9
```

(10)
```
    3 0 3
+     7 8
```

(14)
```
    5 1 4
+     7 8
```

(11)
```
    7 4 8
+     8 1
```

(15)
```
    4 6 2 5
+       9 2
```

(12) 199+50

(16) 830+99

● 덧셈을 하세요.

(1)
```
    4 2 9
 +    7 8
```

(5)
```
    7 7 2
 +    3 9
```

(2)
```
    6 4 5
 +    6 7
```

(6)
```
    5 6 7
 +    6 8
```

(3)
```
    3 7 6
 +    4 8
```

(7)
```
  2 0 5 8
 +    6 4
```

(4) 199+11

(8) 234+86

(9)
```
    8 6 5
  +   7 8
  _____
```

(13)
```
    9 9 9
  +   5 0
  _____
```

(10)
```
    5 0 4
  +   9 6
  _____
```

(14)
```
    2 6 9
  +   7 2
  _____
```

(11)
```
    4 3 6
  +   8 5
  _____
```

(15)
```
    3 6 7 4
  +     4 8
  _____
```

(12) $288 + 22$

(16) $355 + 55$

MD02 덧셈의 완성 (2)

● 덧셈을 하세요.

(1)
$$\begin{array}{r} 173 \\ + 48 \\ \hline \end{array}$$

(5)
$$\begin{array}{r} 961 \\ + 79 \\ \hline \end{array}$$

(2)
$$\begin{array}{r} 906 \\ + 94 \\ \hline \end{array}$$

(6)
$$\begin{array}{r} 544 \\ + 67 \\ \hline \end{array}$$

(3)
$$\begin{array}{r} 268 \\ + 58 \\ \hline \end{array}$$

(7)
$$\begin{array}{r} 5593 \\ + 27 \\ \hline \end{array}$$

(4) $476+77$

(8) $736+88$

(9)
```
    4 2 7
  +   7 8
  ─────────
```

(13)
```
    7 6 5
  +   9 5
  ─────────
```

(10)
```
    5 5 8
  +   8 9
  ─────────
```

(14)
```
    8 6 4
  +   6 7
  ─────────
```

(11)
```
    3 6 7
  +   4 8
  ─────────
```

(15)
```
    7 2 7 3
  +     3 8
  ─────────
```

(12) 663+90

(16) 454+98

MD02 덧셈의 완성 (2)

● 덧셈을 하세요.

(1)
```
   5 3 1
 + 1 2 3
```

(5)
```
   5 0 1
 + 1 2 6
```

(2)
```
   6 7 4
 + 2 1 5
```

(6)
```
   2 0 7
 + 5 8 2
```

(3)
```
   4 0 7
 + 3 6 1
```

(7)
```
   1 3 2 1
 +   1 4 6
```

(4) 328+561

(8) 325+232

(9)
```
   5 3 2
 + 2 2 8
```

(13)
```
   4 7 1
 + 2 1 9
```

(10)
```
   3 7 6
 + 3 0 5
```

(14)
```
   3 4 7
 + 2 1 9
```

(11)
```
   3 6 7
 + 5 2 7
```

(15)
```
   2 5 1 4
 +   2 5 8
```

(12) 607+158

(16) 745+127

● 덧셈을 하세요.

(1)
```
   2 9 4
 + 5 3 3
```

(5)
```
   5 3 6
 + 3 5 9
```

(2)
```
   7 3 6
 + 1 7 1
```

(6)
```
   2 6 8
 + 4 7 1
```

(3)
```
   3 6 5
 + 2 9 2
```

(7)
```
   7 3 5 2
 +   2 7 6
```

(4) 678+250

(8) 476+353

(9)
$$\begin{array}{r} 2\ 6\ 7 \\ +\ 9\ 0\ 0 \\ \hline \end{array}$$

(13)
$$\begin{array}{r} 3\ 3\ 3 \\ +\ 8\ 4\ 0 \\ \hline \end{array}$$

(10)
$$\begin{array}{r} 5\ 3\ 0 \\ +\ 5\ 5\ 3 \\ \hline \end{array}$$

(14)
$$\begin{array}{r} 3\ 7\ 1 \\ +\ 9\ 1\ 8 \\ \hline \end{array}$$

(11)
$$\begin{array}{r} 7\ 6\ 3 \\ +\ 6\ 3\ 2 \\ \hline \end{array}$$

(15)
$$\begin{array}{r} 4\ 8\ 6\ 7 \\ +\ \ \ 4\ 3\ 2 \\ \hline \end{array}$$

(12) 664+831

(16) 864+700

MD02 덧셈의 완성 (2)

● 덧셈을 하세요.

(1)
```
  5 3 3
+ 5 2 2
```

(5)
```
  8 6 3
+ 7 2 4
```

(2)
```
  6 6 4
+ 2 1 9
```

(6)
```
  7 2 5
+ 2 3 7
```

(3)
```
  5 5 5
+ 1 5 3
```

(7)
```
  3 2 7 1
+   3 7 4
```

(4) 376+911

(8) 428+181

(9)
```
    6 2 4
  + 7 1 3
```

(13)
```
    2 6 9
  + 6 2 5
```

(10)
```
    5 2 3
  + 2 9 2
```

(14)
```
    4 7 3
  + 2 5 5
```

(11)
```
    3 6 2
  + 2 5 4
```

(15)
```
    3 6 4 8
  +   4 2 1
```

(12) 731+448

(16) 143+349

31

● 덧셈을 하세요.

(1)
```
    2 9 4
  + 3 3 8
```

(5)
```
    4 7 2
  + 1 5 9
```

(2)
```
    6 3 4
  + 2 7 8
```

(6)
```
    7 7 6
  + 1 4 6
```

(3)
```
    3 6 7
  + 4 6 5
```

(7)
```
  1 3 6 3
  +   3 4 7
```

(4) 234+186

(8) 101+199

(9)
```
    5 2 4
+   8 2 7
─────────
```

(13)
```
    4 5 6
+   8 1 4
─────────
```

(10)
```
    6 7 8
+   6 0 2
─────────
```

(14)
```
    8 0 2
+   2 3 9
─────────
```

(11)
```
    9 4 4
+   4 3 8
─────────
```

(15)
```
    1 8 4 7
+     5 3 7
─────────
```

(12) 206+909

(16) 731+829

● 덧셈을 하세요.

(1)
```
    4 3 6
  + 5 8 0
```

(5)
```
    7 8 5
  + 5 6 2
```

(2)
```
    2 6 0
  + 9 5 0
```

(6)
```
    6 4 2
  + 3 8 7
```

(3)
```
    6 4 1
  + 4 8 5
```

(7)
```
    2 2 4 5
  +   8 7 3
```

(4) $538 + 671$

(8) $843 + 175$

(9)
```
  6 6 4
+ 2 4 7
```

(13)
```
  8 3 4
+ 4 2 9
```

(10)
```
  4 2 1
+ 6 3 9
```

(14)
```
  7 6 5
+ 5 5 1
```

(11)
```
  5 3 3
+ 2 7 7
```

(15)
```
  3 3 7 4
+   9 1 7
```

(12) 708+328

(16) 272+149

● 덧셈을 하세요.

(1)
$$\begin{array}{r} 3\ 9\ 4 \\ +\ 2\ 3\ 7 \\ \hline \end{array}$$

(5)
$$\begin{array}{r} 5\ 8\ 7 \\ +\ 6\ 3\ 2 \\ \hline \end{array}$$

(2)
$$\begin{array}{r} 4\ 2\ 6 \\ +\ 5\ 9\ 3 \\ \hline \end{array}$$

(6)
$$\begin{array}{r} 1\ 8\ 5 \\ +\ 2\ 3\ 7 \\ \hline \end{array}$$

(3)
$$\begin{array}{r} 7\ 1\ 4 \\ +\ 4\ 9\ 3 \\ \hline \end{array}$$

(7)
$$\begin{array}{r} 4\ 2\ 4\ 0 \\ +\ \ \ 9\ 9\ 4 \\ \hline \end{array}$$

(4) $290+930$

(8) $337+671$

36

(9)
```
    7 0 8
  + 4 2 7
  ───────
```

(13)
```
    9 0 7
  + 4 9 7
  ───────
```

(10)
```
    6 5 3
  + 6 5 8
  ───────
```

(14)
```
    8 3 4
  + 3 3 6
  ───────
```

(11)
```
    3 4 2
  + 6 6 9
  ───────
```

(15)
```
    5 2 6 7
  +   8 3 5
  ─────────
```

(12) 501＋499

(16) 422＋986

MD02 덧셈의 완성 (2)

● 덧셈을 하세요.

(1)
```
   3 3 8
 + 6 7 4
```

(5)
```
   5 4 7
 + 6 1 5
```

(2)
```
   2 9 8
 + 7 6 5
```

(6)
```
   7 4 6
 + 4 9 5
```

(3)
```
   4 6 5
 + 7 7 7
```

(7)
```
   1 1 1 1
 +   3 8 9
```

(4) 648+761

(8) 663+807

(9)
```
   1 8 9
 + 9 9 3
```

(13)
```
   7 3 4
 + 6 8 6
```

(10)
```
   5 6 0
 + 6 5 0
```

(14)
```
   2 8 6
 + 3 3 7
```

(11)
```
   3 9 3
 + 9 4 8
```

(15)
```
   4 9 5 2
 +   5 7 4
```

(12) 468+386

(16) 999+111

MD02 덧셈의 완성 (2)

● 덧셈을 하세요.

(1)
```
  6 7 5
+ 4 0 5
```

(5)
```
  1 7 3
+ 6 4 9
```

(2)
```
  4 7 3
+ 3 7 8
```

(6)
```
  7 7 2
+ 4 1 9
```

(3)
```
  3 5 2
+ 9 2 9
```

(7)
```
  6 5 3 4
+   1 7 8
```

(4) 268＋375

(8) 931＋439

(9)
```
   8 5 2
 + 3 6 4
```

(13)
```
   2 7 1
 + 8 7 5
```

(10)
```
   5 8 6
 + 2 3 5
```

(14)
```
   3 5 6
 + 3 8 7
```

(11)
```
   1 7 3
 + 3 4 8
```

(15)
```
   5 4 7 6
 +   7 4 2
```

(12) 899 + 101

(16) 768 + 112

뺄셈의 완성 (1)

3주차

요일	교재 번호	학습한 날짜		확인
1일차(월)	01~08	월	일	
2일차(화)	09~16	월	일	
3일차(수)	17~24	월	일	
4일차(목)	25~32	월	일	
5일차(금)	33~40	월	일	

1

● 뺄셈을 하세요.

(1)
```
    2 2
  - 1 1
  ─────
```

(5)
```
    3 8
  - 3 7
  ─────
```

(2)
```
    3 7
  - 2 5
  ─────
```

(6)
```
    1 7
  - 1 3
  ─────
```

(3)
```
    1 8
  - 1 0
  ─────
```

(7)
```
    3 0
  - 1 0
  ─────
```

(4)
```
    3 2
  - 2 0
  ─────
```

(8)
```
    4 6
  - 1 3
  ─────
```

(9)

```
    5 9
-   3 6
─────────
```

(13)

```
    4 7
-   3 5
─────────
```

(10)

```
    4 3
-   2 3
─────────
```

(14)

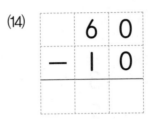

```
    6 0
-   1 0
─────────
```

(11)

```
    5 4
-   5 2
─────────
```

(15)

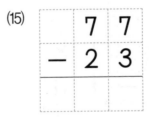

```
    7 7
-   2 3
─────────
```

(12)

```
    3 6
-   1 2
─────────
```

(16)

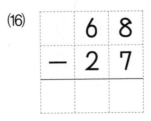

```
    6 8
-   2 7
─────────
```

● 뺄셈을 하세요.

(1)
```
    5 6
  - 4 4
```

(5)
```
    8 1
  - 4 0
```

(2)
```
    7 4
  - 5 2
```

(6)
```
    6 2
  - 5 1
```

(3)
```
    8 8
  - 3 7
```

(7)
```
    7 9
  - 6 4
```

(4)
```
    9 3
  - 6 1
```

(8)
```
    9 5
  - 2 2
```

(9)
```
    2 3
  - 1 8
  -----
```

(13)
```
    3 2
  - 2 4
  -----
```

(10)
```
    2 8
  - 1 9
  -----
```

(14)
```
    2 5
  - 1 6
  -----
```

(11)
```
    3 4
  - 1 5
  -----
```

(15)
```
    4 3
  - 2 5
  -----
```

(12)
```
    4 4
  - 1 7
  -----
```

(16)
```
    3 6
  - 1 8
  -----
```

● 뺄셈을 하세요.

(1)
```
    3 7
  - 1 9
  -----
```

(5)
```
    4 1
  - 3 6
  -----
```

(2)
```
    5 2
  - 1 5
  -----
```

(6)
```
    6 2
  - 4 8
  -----
```

(3)
```
    5 1
  - 2 4
  -----
```

(7)
```
    7 5
  - 3 7
  -----
```

(4)
```
    6 5
  - 3 9
  -----
```

(8)
```
    6 0
  - 1 4
  -----
```

(9)
```
    2 1
 -  1 5
 ───────
```

(13)
```
    6 3
 -  2 6
 ───────
```

(10)
```
    5 2
 -  3 3
 ───────
```

(14)
```
    8 5
 -  7 8
 ───────
```

(11)
```
    8 1
 -  4 4
 ───────
```

(15)
```
    7 3
 -  4 9
 ───────
```

(12)
```
    7 6
 -  5 7
 ───────
```

(16)
```
    9 4
 -  2 8
 ───────
```

● 뺄셈을 하세요.

(1)
```
    7 3
  - 1 4
  -----
```

(5)
```
    5 7
  - 2 9
  -----
```

(2)
```
    6 5
  - 2 7
  -----
```

(6)
```
    9 1
  - 4 3
  -----
```

(3)
```
    8 2
  - 3 8
  -----
```

(7)
```
    7 4
  - 5 6
  -----
```

(4)
```
    6 6
  - 3 9
  -----
```

(8)
```
    9 6
  - 6 8
  -----
```

(9)

	3	2
−	2	7

(13)

	8	4
−	5	8

(10)

	2	3
−	1	5

(14)

	9	6
−	6	9

(11)

	5	5
−	1	7

(15)

	7	3
−	4	7

(12)

	6	3
−	2	4

(16)

	9	2
−	8	6

● 뺄셈을 하세요.

(1)
```
   1 2 0
 -   1 0
 ───────
```

(2)
```
   3 4 0
 -   4 0
 ───────
```

(3)
```
   6 7 3
 -   2 0
 ───────
```

(4)
```
   4 4 7
 -   1 7
 ───────
```

(5)
```
   3 0 0
 - 2 0 0
 ───────
```

(6)
```
   5 6 8
 - 2 6 8
 ───────
```

(7)
```
   2 2 9
 - 1 1 3
 ───────
```

(8)
```
   6 2 6
 - 3 2 0
 ───────
```

(9)

```
    5 2 6
-   1 3
─────────
```

(13)

```
    9 9 0
-   5 7 0
─────────
```

(10)

```
    6 5 5
-     5 2
─────────
```

(14)

```
    7 8 9
-   4 6 6
─────────
```

(11)

```
    7 5 8
-     3 8
─────────
```

(15)

```
    8 8 0
-   3 0 0
─────────
```

(12)

```
    8 2 7
-     1 0
─────────
```

(16)

```
    9 5 8
-   2 4 4
─────────
```

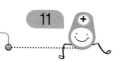

MD03 뺄셈의 완성 (1)

● 뺄셈을 하세요.

(1)

```
    2 6 8
  -   4 9
  ───────
```

(5)

```
    3 4 6
  -   2 7
  ───────
```

(2)

```
    1 2 7
  -   1 8
  ───────
```

(6)

```
    1 7 5
  -   6 8
  ───────
```

(3)

```
    4 7 3
  -   3 5
  ───────
```

(7)

```
    4 5 3
  -   3 4
  ───────
```

(4)

```
    5 2 4
  -   1 6
  ───────
```

(8)

```
    3 8 4
  -   5 5
  ───────
```

(9)

```
    5 8 4
-     6 8
─────────
```

(13)

```
    6 4 7
-     2 9
─────────
```

(10)

```
    6 5 3
-     3 5
─────────
```

(14)

```
    9 2 5
-     1 8
─────────
```

(11)

```
    7 7 3
-     5 4
─────────
```

(15)

```
    8 3 6
-     1 9
─────────
```

(12)

```
    9 8 6
-     6 7
─────────
```

(16)

```
    7 2 5
-     1 6
─────────
```

MD03 뺄셈의 완성 (1)

● 뺄셈을 하세요.

(1)
```
  2 4 0
-   6 0
───────
```

(5)
```
  1 6 5
-   7 3
───────
```

(2)
```
  1 3 6
-   4 0
───────
```

(6)
```
  3 4 7
-   6 6
───────
```

(3)
```
  3 0 0
-   5 0
───────
```

(7)
```
  2 5 6
-   8 3
───────
```

(4)
```
  4 7 3
-   8 2
───────
```

(8)
```
  5 4 7
-   7 4
───────
```

(9)
```
    6 4 8
  -   8 6
  ─────────
```

(13)
```
    7 0 6
  -   5 0
  ─────────
```

(10)
```
    8 5 6
  -   6 5
  ─────────
```

(14)
```
    8 0 4
  -   3 2
  ─────────
```

(11)
```
    6 6 5
  -   9 3
  ─────────
```

(15)
```
    5 2 2
  -   5 1
  ─────────
```

(12)
```
    7 2 1
  -   4 0
  ─────────
```

(16)
```
    9 3 3
  -   5 2
  ─────────
```

● 뺄셈을 하세요.

(1)
```
   1 8 5
 -   4 7
 ───────
```

(5)
```
   3 3 0
 -   8 0
 ───────
```

(2)
```
   3 4 2
 -   5 0
 ───────
```

(6)
```
   4 6 3
 -   3 5
 ───────
```

(3)
```
   2 3 5
 -   8 5
 ───────
```

(7)
```
   5 1 5
 -   4 4
 ───────
```

(4)
```
   5 8 4
 -   7 7
 ───────
```

(8)
```
   4 2 1
 -   6 0
 ───────
```

(9)

```
    5 3 7
  -   7 5
  ───────
```

(13)

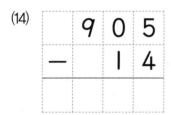

(10)

```
    9 9 0
  -   6 5
  ───────
```

(14)

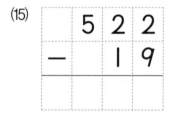

(11)

```
    7 7 5
  -   3 4
  ───────
```

(15)

```
    5 2 2
  -   1 9
  ───────
```

(12)

```
    6 1 0
  -   5 0
  ───────
```

(16)

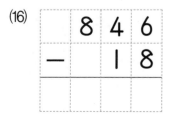

● 뺄셈을 하세요.

(1)
```
    1 2 4
  -   6 9
  ───────
```

(5)
```
    4 8 6
  -   9 8
  ───────
```

(2)
```
    2 3 2
  -   4 8
  ───────
```

(6)
```
    5 7 3
  -   9 6
  ───────
```

(3)
```
    3 4 6
  -   8 9
  ───────
```

(7)
```
    6 2 5
  -   5 7
  ───────
```

(4)
```
    4 4 4
  -   9 5
  ───────
```

(8)
```
    5 1 0
  -   7 9
  ───────
```

(9)
```
    6 3 5
  -   7 9
  ───────
```

(13)
```
    8 2 2
  -   4 4
  ───────
```

(10)
```
    7 3 3
  -   8 5
  ───────
```

(14)
```
    7 6 3
  -   8 8
  ───────
```

(11)
```
    9 1 6
  -   4 7
  ───────
```

(15)
```
    9 4 5
  -   6 6
  ───────
```

(12)
```
    6 4 2
  -   5 3
  ───────
```

(16)
```
    8 4 1
  -   7 5
  ───────
```

MD03 뺄셈의 완성 (1)

● 뺄셈을 하세요.

(1)
```
   1 5 0
 -   6 3
 ───────
```

(5)
```
   3 2 4
 -   6 5
 ───────
```

(2)
```
   4 1 1
 -   7 4
 ───────
```

(6)
```
   5 1 8
 -   3 9
 ───────
```

(3)
```
   5 2 5
 -   6 7
 ───────
```

(7)
```
   2 0 6
 -   4 8
 ───────
```

(4)
```
   2 4 1
 -   9 8
 ───────
```

(8)
```
   4 0 0
 -   6 9
 ───────
```

(9)
```
    4 2 4
  -   4 5
  -------
```

(13)
```
    6 4 7
  -   7 9
  -------
```

(10)
```
    6 1 0
  -   9 5
  -------
```

(14)
```
    9 3 0
  -   5 6
  -------
```

(11)
```
    5 0 0
  -   6 3
  -------
```

(15)
```
    7 0 5
  -   3 8
  -------
```

(12)
```
    8 0 2
  -   8 4
  -------
```

(16)
```
    9 0 0
  -   5 7
  -------
```

● 뺄셈을 하세요.

(1)
```
    1 6 0
  - 1 4 2
```

(5)
```
    2 5 4
  - 1 3 5
```

(2)
```
    4 5 1
  - 3 2 4
```

(6)
```
    8 5 2
  - 5 2 6
```

(3)
```
    6 5 3
  - 1 1 7
```

(7)
```
    3 4 2
  - 1 1 9
```

(4)
```
    7 3 6
  - 4 0 8
```

(8)
```
  6 9 3 0
  -   6 1 3
```

(9)
```
    4 9 4
-   1 7 5
---------
```

(13)
```
    7 8 5
-   4 3 7
---------
```

(10)
```
    1 3 6
-   1 0 8
---------
```

(14)
```
    9 8 3
-   1 6 5
---------
```

(11)
```
    3 4 2
-   1 2 6
---------
```

(15)
```
    8 6 7
-   6 3 8
---------
```

(12)
```
    5 8 2
-   2 3 4
---------
```

(16)
```
  3 9 3 1
-   7 1 9
---------
```

MD03 뺄셈의 완성 (1)

● 뺄셈을 하세요.

(1)
```
    7 1 9
  - 2 3 7
```

(5)
```
    2 2 8
  - 1 5 5
```

(2)
```
    3 4 9
  - 1 8 3
```

(6)
```
    6 2 6
  - 1 8 3
```

(3)
```
    4 3 1
  - 2 7 0
```

(7)
```
    8 6 7
  - 4 7 4
```

(4)
```
    5 0 0
  - 3 8 0
```

(8)
```
    2 6 6 0
  -   1 7 0
```

(9)
```
   8 0 0
 - 5 2 0
```

(13)
```
   2 5 8
 - 1 7 8
```

(10)
```
   4 2 5
 - 2 3 3
```

(14)
```
   5 2 7
 - 3 5 2
```

(11)
```
   6 0 4
 - 4 5 2
```

(15)
```
   9 3 5
 - 6 7 1
```

(12)
```
   3 1 9
 - 1 3 3
```

(16)
```
   3 8 3 7
 -   2 4 7
```

MD03 뺄셈의 완성 (1)

● 뺄셈을 하세요.

(1)
```
    4 1 6
  - 1 4 2
```

(5)
```
    8 0 5
  - 5 1 4
```

(2)
```
    5 4 2
  - 2 2 7
```

(6)
```
    6 5 7
  - 3 9 6
```

(3)
```
    2 4 8
  - 1 5 6
```

(7)
```
    6 7 0
  - 3 6 3
```

(4)
```
    1 2 3
  - 1 0 7
```

(8)
```
    2 9 4 1
  -   4 4 4
```

(9)
```
    6 0 7
  - 4 2 0
  -------
```

(13)
```
    9 7 3
  - 7 9 1
  -------
```

(10)
```
    3 5 1
  - 3 3 9
  -------
```

(14)
```
    8 6 6
  - 6 3 9
  -------
```

(11)
```
    2 8 3
  - 1 9 0
  -------
```

(15)
```
    5 4 7
  - 3 8 5
  -------
```

(12)
```
    6 3 3
  - 2 1 4
  -------
```

(16)
```
  4 4 7 3
  -  2 6 8
  --------
```

MD03 뺄셈의 완성 (1)

● 뺄셈을 하세요.

(1)
```
    5 5 2
  − 3 4 5
```

(5)
```
    6 3 1
  − 5 1 7
```

(2)
```
    3 2 7
  − 1 8 4
```

(6)
```
    8 2 3
  − 3 5 2
```

(3)
```
    7 3 6
  − 4 9 3
```

(7)
```
    9 7 4
  − 6 4 6
```

(4)
```
    4 9 0
  − 2 7 6
```

(8)
```
  1 4 4 8
  −   2 6 6
```

(9)
```
    4 3 7
  - 2 5 4
  ───────
```

(13)
```
    7 3 5
  - 1 2 7
  ───────
```

(10)
```
    8 3 1
  - 4 0 3
  ───────
```

(14)
```
    2 4 7
  - 1 8 5
  ───────
```

(11)
```
    9 2 9
  - 6 3 2
  ───────
```

(15)
```
    3 8 8
  - 2 9 6
  ───────
```

(12)
```
    6 2 0
  - 3 1 1
  ───────
```

(16)
```
  5 3 8 4
  -   2 5 8
  ───────
```

● 뺄셈을 하세요.

(1)
```
    5 4 3
  − 3 1 8
```

(5)
```
    3 4 1
  − 1 3 6
```

(2)
```
    1 3 5
  − 1 2 7
```

(6)
```
    6 3 0
  − 3 2 5
```

(3)
```
    6 2 2
  − 5 9 1
```

(7)
```
    4 3 2
  − 1 6 2
```

(4)
```
    4 5 9
  − 2 6 9
```

(8)
```
    3 3 2 2
  −   1 1 4
```

(9)
```
    7 0 8
 -  3 4 6
```

(13)
```
    3 8 1
 -  1 7 8
```

(10)
```
    6 7 8
 -  4 5 9
```

(14)
```
    8 4 4
 -  5 6 3
```

(11)
```
    5 0 1
 -  1 1 1
```

(15)
```
    9 3 9
 -  3 6 6
```

(12)
```
    4 0 4
 -  2 2 2
```

(16)
```
    2 5 1 6
 -    3 2 2
```

MD03 뺄셈의 완성 (1)

● 뺄셈을 하세요.

(1)
```
    4 3 7
  - 1 5 6
```

(5)
```
    5 1 4
  - 2 9 0
```

(2)
```
    2 4 7
  - 1 3 9
```

(6)
```
    7 6 2
  - 4 1 8
```

(3)
```
    6 2 3
  - 2 1 6
```

(7)
```
    1 7 3
  - 1 1 9
```

(4)
```
    3 4 9
  - 1 9 5
```

(8)
```
    2 3 3 5
  -   1 5 3
```

(9)

```
    5 4 8
  - 3 6 5
```

(13)

```
    8 2 1
  - 3 0 4
```

(10)

```
    9 3 6
  - 5 2 9
```

(14)

```
    3 3 3
  - 1 1 9
```

(11)

```
    8 2 6
  - 3 7 0
```

(15)

```
    4 5 6
  - 1 8 6
```

(12)

```
    7 0 4
  - 4 6 2
```

(16)

```
    4 2 1 0
  -   1 0 9
```

MD03 뺄셈의 완성 (1)

● 뺄셈을 하세요.

(1)
```
    1 0 6
  -     7
  ───────
```

(5)
```
    7 3 0
  - 3 5 6
  ───────
```

(2)
```
    3 0 2
  -     4
  ───────
```

(6)
```
    4 2 5
  - 1 6 7
  ───────
```

(3)
```
    2 0 0
  -     5
  ───────
```

(7)
```
    5 1 4
  - 2 4 9
  ───────
```

(4)
```
    4 0 4
  -   2 8
  ───────
```

(8)
```
  3 4 6 5
  -   2 7 9
  ─────────
```

(9)
```
    3 4 2
  - 1 6 6
```

(13)
```
    4 7 2
  - 1 8 9
```

(10)
```
    7 4 3
  - 2 6 8
```

(14)
```
    8 4 2
  - 3 7 8
```

(11)
```
    5 7 5
  - 1 7 9
```

(15)
```
    6 0 0
  - 4 2 1
```

(12)
```
    8 0 3
  - 5 6 4
```

(16)
```
    6 7 6 3
  -   1 7 7
```

MD03 뺄셈의 완성 (1)

● 뺄셈을 하세요.

(1)
```
    3 0 1
  -     6
```

(2)
```
    2 0 0
  -     3
```

(3)
```
    1 0 2
  -   5 7
```

(4)
```
    5 0 0
  -   8 9
```

(5)
```
    6 4 0
  - 5 5 5
```

(6)
```
    8 1 7
  - 4 5 8
```

(7)
```
    7 2 4
  - 5 4 6
```

(8)
```
    6 6 6 6
  -   1 9 9
```

(9)
```
  3 6 3
- 2 6 8
```

(13)
```
  5 3 6
- 2 6 7
```

(10)
```
  4 0 0
- 2 3 7
```

(14)
```
  8 4 0
- 5 8 4
```

(11)
```
  5 3 4
- 2 6 9
```

(15)
```
  9 0 3
- 3 9 9
```

(12)
```
  6 5 2
- 3 9 5
```

(16)
```
  7 3 0 0
-   1 1 1
```

● 뺄셈을 하세요.

(1)
```
    5 0 2
  - 2 3 7
```

(5)
```
    8 1 1
  - 5 3 2
```

(2)
```
    4 0 0
  - 3 5 4
```

(6)
```
    7 3 2
  - 4 5 8
```

(3)
```
    2 6 3
  - 1 7 5
```

(7)
```
    9 2 3
  - 6 3 5
```

(4)
```
    3 2 1
  - 2 5 8
```

(8)
```
    3 4 6 5
  -   2 7 9
```

(9)
```
  2 3 0
- 1 7 5
───────
```

(13)
```
  3 5 3
- 2 7 8
───────
```

(10)
```
  8 5 6
- 5 7 9
───────
```

(14)
```
  9 3 4
- 6 4 6
───────
```

(11)
```
  4 6 2
- 2 7 4
───────
```

(15)
```
  5 3 0
- 2 4 3
───────
```

(12)
```
  7 3 1
- 4 8 6
───────
```

(16)
```
  4 4 0 7
-   3 3 3
─────────
```

MD03 뺄셈의 완성 (1)

● 뺄셈을 하세요.

(1)
```
    3 1 3
  - 1 4 9
```

(5)
```
    6 4 7
  - 4 8 9
```

(2)
```
    2 3 2
  - 1 7 8
```

(6)
```
    9 2 8
  - 7 3 9
```

(3)
```
    5 0 0
  - 3 3 3
```

(7)
```
    8 3 5
  - 6 5 6
```

(4)
```
    4 5 2
  - 2 7 7
```

(8)
```
    3 7 6 2
  -   5 9 3
```

(9)
```
    2 5 3
  - 1 8 5
```

(13)
```
    4 2 5
  - 3 4 9
```

(10)
```
    3 1 4
  - 2 3 7
```

(14)
```
    9 3 5
  - 6 4 6
```

(11)
```
    6 4 4
  - 4 5 8
```

(15)
```
    7 2 4
  - 5 5 5
```

(12)
```
    5 0 4
  - 2 7 9
```

(16)
```
    5 8 3 1
  -   5 4 3
```

뺄셈의 완성 (2)

4주차

요일	교재 번호	학습한 날짜	확인
1일차(월)	01~08	월 일	
2일차(화)	09~16	월 일	
3일차(수)	17~24	월 일	
4일차(목)	25~32	월 일	
5일차(금)	33~40	월 일	

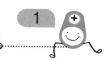

● 뺄셈을 하세요.

(1)
$$\begin{array}{r} 4\ 5 \\ -\ 2\ 3 \\ \hline \end{array}$$

(5)
$$\begin{array}{r} 8\ 3 \\ -\ 6\ 2 \\ \hline \end{array}$$

(2)
$$\begin{array}{r} 2\ 7 \\ -\ 1\ 5 \\ \hline \end{array}$$

(6)
$$\begin{array}{r} 7\ 5 \\ -\ 4\ 1 \\ \hline \end{array}$$

(3)
$$\begin{array}{r} 5\ 8 \\ -\ 3\ 4 \\ \hline \end{array}$$

(7)
$$\begin{array}{r} 9\ 4 \\ -\ 4\ 0 \\ \hline \end{array}$$

(4) 36 − 20

(8) 63 − 43

(9)
```
    2 7
  − 1 5
```

(13)
```
    7 3
  − 5 2
```

(10)
```
    9 5
  − 8 4
```

(14)
```
    5 9
  − 4 8
```

(11)
```
    4 8
  − 2 4
```

(15)
```
    3 8
  − 1 6
```

(12) 54 − 33

(16) 67 − 31

● 뺄셈을 하세요.

(1)
```
   4 9
 − 3 7
```

(5)
```
   2 0
 − 1 5
```

(2)
```
   3 0
 − 1 4
```

(6)
```
   4 0
 − 2 7
```

(3)
```
   6 1
 − 2 5
```

(7)
```
   8 2
 − 5 9
```

(4) 50 − 23

(8) 70 − 51

(9)
$$\begin{array}{r} 4\ 1 \\ -\ 2\ 6 \\ \hline \end{array}$$

(13)
$$\begin{array}{r} 3\ 8 \\ -\ 2\ 9 \\ \hline \end{array}$$

(10)
$$\begin{array}{r} 3\ 5 \\ -\ 1\ 7 \\ \hline \end{array}$$

(14)
$$\begin{array}{r} 4\ 2 \\ -\ 2\ 7 \\ \hline \end{array}$$

(11)
$$\begin{array}{r} 2\ 8 \\ -\ 1\ 9 \\ \hline \end{array}$$

(15)
$$\begin{array}{r} 5\ 3 \\ -\ 1\ 7 \\ \hline \end{array}$$

(12) 26 − 10

(16) 44 − 25

● 뺄셈을 하세요.

(1)
$$\begin{array}{r} 5\ 2 \\ -\ 4\ 5 \\ \hline \end{array}$$

(5)
$$\begin{array}{r} 6\ 2 \\ -\ 2\ 9 \\ \hline \end{array}$$

(2)
$$\begin{array}{r} 7\ 1 \\ -\ 3\ 7 \\ \hline \end{array}$$

(6)
$$\begin{array}{r} 6\ 4 \\ -\ 4\ 6 \\ \hline \end{array}$$

(3)
$$\begin{array}{r} 8\ 5 \\ -\ 3\ 6 \\ \hline \end{array}$$

(7)
$$\begin{array}{r} 9\ 7 \\ -\ 2\ 8 \\ \hline \end{array}$$

(4) $60-47$

(8) $51-25$

(9)
$$\begin{array}{r} 7\ 5 \\ -\ 5\ 8 \\ \hline \end{array}$$

(13)
$$\begin{array}{r} 8\ 3 \\ -\ 2\ 6 \\ \hline \end{array}$$

(10)
$$\begin{array}{r} 8\ 4 \\ -\ 6\ 8 \\ \hline \end{array}$$

(14)
$$\begin{array}{r} 9\ 7 \\ -\ 7\ 9 \\ \hline \end{array}$$

(11)
$$\begin{array}{r} 9\ 6 \\ -\ 4\ 9 \\ \hline \end{array}$$

(15)
$$\begin{array}{r} 5\ 2 \\ -\ 1\ 6 \\ \hline \end{array}$$

(12) $64-35$

(16) $82-55$

● 뺄셈을 하세요.

(1)
```
   6 3
 - 2 8
```

(5)
```
   4 3
 - 1 4
```

(2)
```
   2 8
 - 1 9
```

(6)
```
   9 5
 - 7 6
```

(3)
```
   7 2
 - 3 7
```

(7)
```
   7 3
 - 5 5
```

(4) 54 - 46

(8) 81 - 63

(9)
```
    5 0
  - 2 4
  ───────
```

(13)
```
    8 7
  - 5 9
  ───────
```

(10)
```
    8 3
  - 3 9
  ───────
```

(14)
```
    4 6
  - 2 7
  ───────
```

(11)
```
    3 4
  - 2 8
  ───────
```

(15)
```
    8 1
  - 4 5
  ───────
```

(12) 79 - 54

(16) 66 - 38

MD04 뺄셈의 완성 (2)

● 뺄셈을 하세요.

(1)
$$\begin{array}{r} 2\ 3 \\ -\ 1\ 4 \\ \hline \end{array}$$

(5)
$$\begin{array}{r} 7\ 1 \\ -\ 5\ 2 \\ \hline \end{array}$$

(2)
$$\begin{array}{r} 6\ 2 \\ -\ 3\ 4 \\ \hline \end{array}$$

(6)
$$\begin{array}{r} 3\ 1 \\ -\ 1\ 3 \\ \hline \end{array}$$

(3)
$$\begin{array}{r} 3\ 7 \\ -\ 1\ 8 \\ \hline \end{array}$$

(7)
$$\begin{array}{r} 8\ 0 \\ -\ 2\ 3 \\ \hline \end{array}$$

(4) $40 - 28$

(8) $86 - 67$

(9)
```
   5 2
 − 3 5
```

(13)
```
   4 1
 − 2 7
```

(10)
```
   7 2
 − 5 6
```

(14)
```
   6 4
 − 4 7
```

(11)
```
   9 0
 − 8 8
```

(15)
```
   7 0
 − 3 4
```

(12) 60−49

(16) 83−37

MD04 뺄셈의 완성 (2)

● 뺄셈을 하세요.

(1)
```
  6 8 4
-     1
```

(5)
```
  2 7 7
-     4
```

(2)
```
  5 6 2
-     1
```

(6)
```
  4 9 3
-     2
```

(3)
```
  3 8 4
-     3
```

(7)
```
  2 8 5 8
-       5
```

(4) $757 - 6$

(8) $948 - 7$

(9)
```
   6 6 3
 -     4
```

(13)
```
   7 4 0
 -     3
```

(10)
```
   5 4 8
 -     9
```

(14)
```
   3 7 3
 -     6
```

(11)
```
   3 3 9
 -     7
```

(15)
```
   1 6 2 7
 -       1
```

(12) 460 − 8

(16) 254 − 8

MD04 뺄셈의 완성 (2)

● 뺄셈을 하세요.

(1)
```
  4 6 2
-     5
```

(5)
```
  1 9 3
-     6
```

(2)
```
  5 2 8
-     9
```

(6)
```
  2 9 4
-     7
```

(3)
```
  3 4 5
-     7
```

(7)
```
  3 4 2 6
-       9
```

(4) 237−8

(8) 467−9

(9)
```
    5 0 3
  −     4
```

(13)
```
    9 3 4
  −     6
```

(10)
```
    4 9 3
  −     8
```

(14)
```
    8 0 0
  −     7
```

(11)
```
    7 0 8
  −     9
```

(15)
```
    2 6 1 1
  −       5
```

(12) 836 − 7

(16) 721 − 9

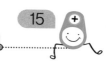

● 뺄셈을 하세요.

(1)
$$\begin{array}{r} 7\ 8\ 0 \\ -\ \ \ 2\ 0 \\ \hline \end{array}$$

(5)
$$\begin{array}{r} 5\ 3\ 4 \\ -\ \ \ 2\ 2 \\ \hline \end{array}$$

(2)
$$\begin{array}{r} 8\ 5\ 6 \\ -\ \ \ 4\ 4 \\ \hline \end{array}$$

(6)
$$\begin{array}{r} 1\ 7\ 3 \\ -\ \ \ 4\ 1 \\ \hline \end{array}$$

(3)
$$\begin{array}{r} 6\ 7\ 5 \\ -\ \ \ 5\ 2 \\ \hline \end{array}$$

(7)
$$\begin{array}{r} 4\ 4\ 2\ 3 \\ -\ \ \ \ \ 1\ 1 \\ \hline \end{array}$$

(4) 550 − 10

(8) 286 − 34

(9)
```
   3 3 1
 -   1 5
```

(13)
```
   9 6 0
 -   4 1
```

(10)
```
   6 8 4
 -   4 8
```

(14)
```
   8 9 3
 -   3 6
```

(11)
```
   4 7 3
 -   3 7
```

(15)
```
   3 5 4 2
 -     2 8
```

(12) 786－55

(16) 280－25

● 뺄셈을 하세요.

(1)
```
    3 6 2
  -   4 5
```

(5)
```
    1 6 5
  -   8 3
```

(2)
```
    5 0 7
  -   3 4
```

(6)
```
    7 4 2
  -   5 1
```

(3)
```
    4 1 9
  -   2 6
```

(7)
```
    6 9 3 1
  -     7 0
```

(4) 120 − 40

(8) 831 − 61

(9)
```
    2 0 9
 -    2 5
```

(13)
```
    6 6 4
 -    7 2
```

(10)
```
    4 0 0
 -    4 0
```

(14)
```
    2 6 5
 -    3 7
```

(11)
```
    3 2 1
 -    1 4
```

(15)
```
    7 8 1 8
 -      3 1
```

(12) 736−80

(16) 932−28

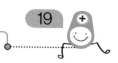

● 뺄셈을 하세요.

(1)
```
  2 4 1
-   2 4
```

(5)
```
  3 2 9
-   4 7
```

(2)
```
  3 5 6
-   3 8
```

(6)
```
  4 1 4
-   3 3
```

(3)
```
  1 7 5
-   5 6
```

(7)
```
  2 3 8 2
-     9 1
```

(4) 432 − 50

(8) 134 − 82

(9)
```
  6 6 4
-   3 9
```

(13)
```
  7 6 4
-   5 6
```

(10)
```
  5 3 3
-   5 1
```

(14)
```
  6 8 4
-   9 3
```

(11)
```
  9 4 2
-   2 7
```

(15)
```
  4 6 6 1
-     2 8
```

(12) 843−62

(16) 725−70

MD04 뺄셈의 완성 (2)

● 뺄셈을 하세요.

(1)
```
    3 6 2
  −   3 5
```

(5)
```
    4 6 6
  −   3 7
```

(2)
```
    4 2 9
  −   4 9
```

(6)
```
    1 8 5
  −   5 6
```

(3)
```
    1 6 9
  −   7 8
```

(7)
```
    3 2 2 8
  −     4 8
```

(4) 383−75

(8) 293−58

(9)
```
    1 4 8
  -   5 7
  ───────
```

(13)
```
    3 7 3
  -   9 7
  ───────
```

(10)
```
    2 3 4
  -   8 9
  ───────
```

(14)
```
    4 7 2
  -   8 4
  ───────
```

(11)
```
    3 0 0
  -   4 3
  ───────
```

(15)
```
    3 2 8 5
  -     6 8
  ─────────
```

(12) 180 − 75

(16) 500 − 52

● 뺄셈을 하세요.

(1)
```
    2 3 1
  -   5 6
```

(5)
```
    4 2 8
  -   3 9
```

(2)
```
    1 6 3
  -   7 4
```

(6)
```
    5 3 2
  -   4 8
```

(3)
```
    3 7 4
  -   8 5
```

(7)
```
    6 4 2 5
  -     4 7
```

(4) 110－91

(8) 300－69

(9)
```
    8 7 3
  -   9 5
```

(13)
```
    6 2 5
  -   4 7
```

(10)
```
    7 7 7
  -   8 3
```

(14)
```
    9 4 3
  -   6 8
```

(11)
```
    6 8 2
  -   9 6
```

(15)
```
    5 5 4 0
  -     9 9
```

(12) 534−58

(16) 422−87

MD04 뺄셈의 완성 (2)

● 뺄셈을 하세요.

(1)
```
   7 4 1
 -   6 4
```

(5)
```
   5 0 6
 -   7 8
```

(2)
```
   8 3 4
 -   5 9
```

(6)
```
   9 6 4
 -   8 8
```

(3)
```
   5 4 8
 -   7 9
```

(7)
```
   7 8 0 6
 -     5 7
```

(4) 700－99

(8) 601－95

(9)
```
    2 4 3
 -    2 8
```

(13)
```
    1 1 1
 -    3 0
```

(10)
```
    4 3 7
 -    5 6
```

(14)
```
    3 0 0
 -    9 7
```

(11)
```
    8 2 0
 -    5 8
```

(15)
```
    8 7 0 0
 -      4 4
```

(12) 600 - 11

(16) 901 - 23

MD04 뺄셈의 완성 (2)

● 뺄셈을 하세요.

(1)
```
   2 4 0
 - 1 2 0
```

(5)
```
   4 5 3
 - 2 3 2
```

(2)
```
   1 5 8
 - 1 1 6
```

(6)
```
   3 0 0
 - 1 0 0
```

(3)
```
   3 4 2
 - 2 3 0
```

(7)
```
   6 5 5 2
 -   3 0 0
```

(4) 170 - 150

(8) 535 - 304

(9)
```
   7 2 5
 - 5 0 0
```

(13)
```
   9 5 2
 - 7 3 1
```

(10)
```
   5 6 3
 - 3 2 1
```

(14)
```
   3 8 2
 - 1 4 1
```

(11)
```
   6 2 4
 - 5 1 3
```

(15)
```
   4 9 3 0
 -   8 1 0
```

(12) $847 - 600$

(16) $636 - 215$

● 뺄셈을 하세요.

(1)
```
   2 4 8
 - 1 3 9
```

(5)
```
   5 2 2
 - 3 1 3
```

(2)
```
   3 5 5
 - 2 2 7
```

(6)
```
   1 4 3
 - 1 2 5
```

(3)
```
   4 2 1
 - 1 0 8
```

(7)
```
   2 7 4 2
 -   5 1 8
```

(4) 342 - 214

(8) 533 - 416

(9)
```
    4 7 9
  − 2 8 8
```

(13)
```
    6 2 1
  − 3 4 1
```

(10)
```
    2 1 5
  − 1 3 2
```

(14)
```
    3 2 4
  − 1 4 1
```

(11)
```
    4 7 6
  − 1 8 4
```

(15)
```
    3 5 6 7
  −   2 9 3
```

(12) 336 − 153

(16) 162 − 141

MD04 뺄셈의 완성 (2)

● 뺄셈을 하세요.

(1)
```
  6 2 4
- 2 1 7
```

(5)
```
  9 3 0
- 3 1 4
```

(2)
```
  7 7 5
- 4 2 8
```

(6)
```
  4 3 4
- 3 2 6
```

(3)
```
  8 2 2
- 5 1 5
```

(7)
```
  5 7 2 1
-   5 1 8
```

(4) 745－228

(8) 951－623

(9)
```
   5 2 6
 − 4 8 2
```

(13)
```
   7 6 7
 − 3 8 6
```

(10)
```
   6 2 8
 − 3 5 4
```

(14)
```
   3 1 8
 − 1 3 3
```

(11)
```
   9 4 5
 − 7 7 3
```

(15)
```
   7 6 5 9
 −   2 7 5
```

(12) 823−641

(16) 932−540

MD04 뺄셈의 완성 (2)

● 뺄셈을 하세요.

(1)
```
   5 2 3
 - 3 4 1
```

(5)
```
   5 2 4
 - 3 1 5
```

(2)
```
   7 3 6
 - 4 2 7
```

(6)
```
   8 1 3
 - 5 4 1
```

(3)
```
   3 4 8
 - 3 1 9
```

(7)
```
   2 4 2 5
 -   2 1 7
```

(4) 631−450

(8) 924−642

(9)
```
   8 3 1
 - 5 1 4
```

(13)
```
   2 5 8
 - 1 9 6
```

(10)
```
   4 2 5
 - 2 4 3
```

(14)
```
   7 2 4
 - 5 1 8
```

(11)
```
   6 4 4
 - 3 2 6
```

(15)
```
   8 9 3 7
 -   6 5 3
```

(12) 314 − 133

(16) 154 − 137

MD04 뺄셈의 완성 (2)

● 뺄셈을 하세요.

(1)
```
   2 4 8
 - 1 5 8
```

(5)
```
   6 7 8
 - 1 5 9
```

(2)
```
   3 3 1
 - 2 0 3
```

(6)
```
   4 3 6
 - 1 4 5
```

(3)
```
   5 8 7
 - 1 7 9
```

(7)
```
   4 2 6 9
 -   1 9 7
```

(4) 200－120

(8) 302－212

(9)
```
   4 1 8
 - 1 4 5
```

(13)
```
   6 5 3
 - 2 6 6
```

(10)
```
   3 6 2
 - 2 7 3
```

(14)
```
   7 6 5
 - 1 7 9
```

(11)
```
   3 3 3
 - 1 5 9
```

(15)
```
   3 9 3 4
 -   4 5 8
```

(12) 370−187

(16) 243−199

MD04 뺄셈의 완성 (2)

● 뺄셈을 하세요.

(1)
```
   4 9 6
 - 2 8 9
```

(5)
```
   3 0 0
 - 1 7 3
```

(2)
```
   8 0 0
 - 3 1 2
```

(6)
```
   5 3 7
 - 2 7 8
```

(3)
```
   6 2 4
 - 4 3 5
```

(7)
```
   5 2 6 2
 -   1 7 5
```

(4) 653-379

(8) 533-247

(9)
```
   4 7 6
 - 2 8 4
```

(13)
```
   9 8 3
 - 1 9 6
```

(10)
```
   6 0 5
 - 3 2 8
```

(14)
```
   8 4 8
 - 1 5 9
```

(11)
```
   7 4 5
 - 2 5 7
```

(15)
```
   6 3 0 6
 -   2 4 8
```

(12) 832-398

(16) 721-499

● 뺄셈을 하세요.

(1)
```
    7 0 0
  − 5 1 4
```

(5)
```
    8 0 1
  − 5 0 3
```

(2)
```
    8 4 2
  − 3 7 3
```

(6)
```
    4 4 1
  − 2 3 6
```

(3)
```
    9 6 1
  − 6 8 2
```

(7)
```
    5 7 3 6
  −   4 5 8
```

(4) 765−496

(8) 930−798

(9)
```
   8 5 6
－  5 7 8
```

(13)
```
   9 5 7
－  6 8 5
```

(10)
```
   7 4 6
－  2 6 7
```

(14)
```
   3 0 0
－  1 8 6
```

(11)
```
   5 8 3
－  4 9 5
```

(15)
```
   4 6 2 5
－    3 4 7
```

(12) 862－173

(16) 900－359

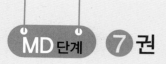

MD단계 7권

학교 연산 대비하자

연산 UP

연산 UP

● 덧셈을 하시오.

(1)
$$\begin{array}{r} 1\ 9 \\ +\ 2\ 3 \\ \hline \end{array}$$

(5)
$$\begin{array}{r} 2\ 6 \\ +\ 5\ 7 \\ \hline \end{array}$$

(2)
$$\begin{array}{r} 4\ 8 \\ +\ 5\ 3 \\ \hline \end{array}$$

(6)
$$\begin{array}{r} 7\ 3 \\ +\ 4\ 5 \\ \hline \end{array}$$

(3)
$$\begin{array}{r} 6\ 2 \\ +\ 8\ 4 \\ \hline \end{array}$$

(7)
$$\begin{array}{r} 5\ 7 \\ +\ 1\ 8 \\ \hline \end{array}$$

(4) $35+19$

(8) $62+86$

(9)
```
  2 5 2
+   7 4
```

(13)
```
  3 4 6
+   2 3
```

(10)
```
  4 6 8
+   3 5
```

(14)
```
  5 7 9
+   6 4
```

(11)
```
  6 1 4
+   6 7
```

(15)
```
  8 3 5
+   4 6
```

(12) 123+45

(16) 372+63

● 덧셈을 하시오.

(1)
```
  3 1 8
+ 2 6 4
```

(5)
```
  7 3 9
+ 6 2 5
```

(2)
```
  1 7 4
+ 3 8 9
```

(6)
```
  2 7 2
+ 6 4 3
```

(3)
```
  4 6 5
+ 2 6 3
```

(7)
```
  9 3 5
+ 5 4 1
```

(4) 213+164

(8) 546+136

● 뺄셈을 하시오.

(9)
```
   4 2
 - 1 3
```

(13)
```
   6 0
 - 3 2
```

(10)
```
   5 4
 - 3 8
```

(14)
```
   8 5
 - 4 7
```

(11)
```
   7 1
 - 5 6
```

(15)
```
   9 3
 - 2 8
```

(12) $30 - 14$

(16) $62 - 25$

● 뺄셈을 하시오.

(1)
```
  1 3 7
-   8 2
```

(5)
```
  5 1 8
-   5 4
```

(2)
```
  2 6 4
-   3 5
```

(6)
```
  6 4 1
-   4 6
```

(3)
```
  4 5 6
-   7 2
```

(7)
```
  8 2 5
-   6 8
```

(4) 368－45

(8) 730－23

(9)
```
  5 3 0
- 3 7 5
```

(13)
```
  4 7 3
- 1 5 6
```

(10)
```
  2 5 1
- 1 3 4
```

(14)
```
  9 0 4
- 6 1 5
```

(11)
```
  6 1 8
- 4 2 6
```

(15)
```
  8 2 5
- 2 6 3
```

(12) 369 - 127

(16) 782 - 167

● 빈 곳에 알맞은 수를 써넣으시오.

(1)

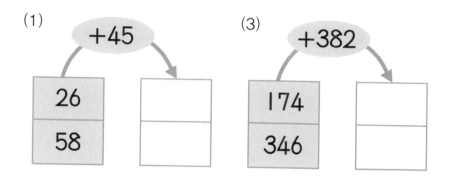

(3) +382

| 174 |
| 346 |

(2)

+37

| 463 |
| 725 |

(4)

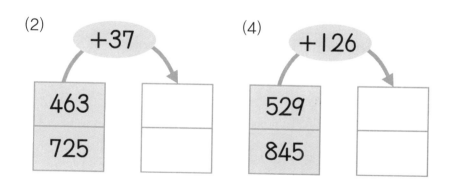

+126

| 529 |
| 845 |

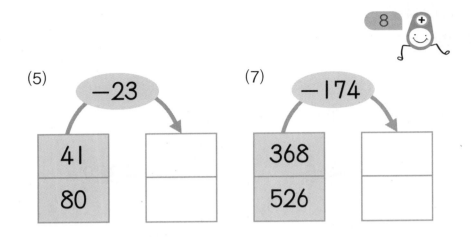

(5)

−23

| 41 |
| 80 |

(7)

−174

| 368 |
| 526 |

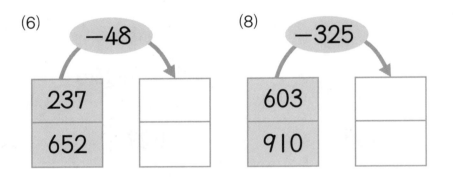

(6)

−48

| 237 |
| 652 |

(8)

−325

| 603 |
| 910 |

● 빈 곳에 알맞은 수를 써넣으시오.

(1)

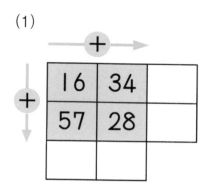

(3)

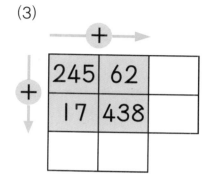

(2)

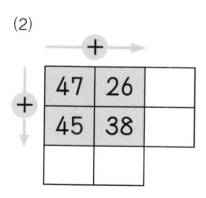

(4)

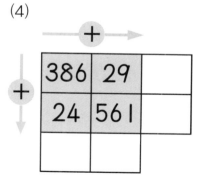

(5)

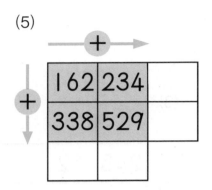

(7)

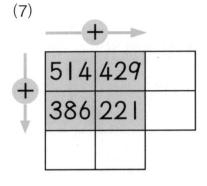

(6)

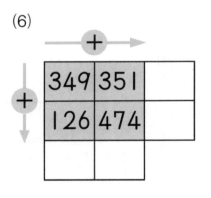

(8)

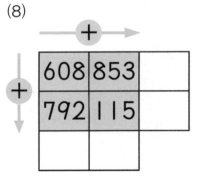

● 빈 곳에 알맞은 수를 써넣으시오.

(1)

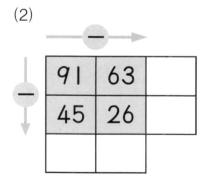

62	45	
36	17	

(3)

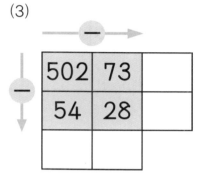

502	73	
54	28	

(2)

91	63	
45	26	

(4)

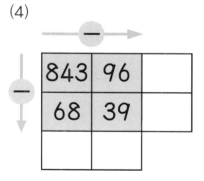

843	96	
68	39	

(5)

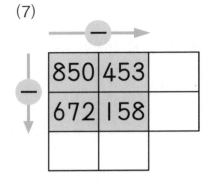

−		
637	462	
315	147	

(7)

−		
850	453	
672	158	

(6)

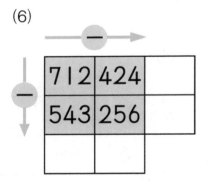

−		
712	424	
543	256	

(8)

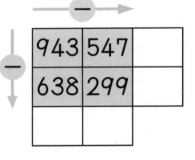

−		
943	547	
638	299	

● 다음을 읽고 물음에 답하시오.

(1) 수연이는 동화책을 어제는 **34**쪽 읽었고, 오늘은 **29**쪽 읽었습니다. 수연이가 어제와 오늘 읽은 동화책은 모두 몇 쪽입니까?

(   )

(2) 인성이가 모은 동전은 **138**개이고, 동민이가 모은 동전은 인성이가 모은 동전보다 **72**개 더 많습니다. 동민이가 모은 동전은 모두 몇 개입니까?

(   )

(3) 효준이네 반에서는 학급문고를 첫째 날은 **147**권을, 둘째 날은 **56**권을 모았습니다. 효준이네 반에서 이틀 동안 모은 학급문고는 모두 몇 권입니까?

(   )

(4) 미나는 색종이를 **234**장 가지고 있고, 명수는 색종이를 **138**장 더 가지고 있습니다. 명수가 가지고 있는 색종이는 모두 몇 장입니까?

( )

(5) 현진이네 반 학생은 밤을 **367**개 주웠고, 도훈이네 반 학생은 **453**개 주웠습니다. 두 반에서 주운 밤은 모두 몇 개입니까?

( )

(6) 재석이네 학교 운동장 한 바퀴는 **768** m입니다. 재석이는 아침마다 운동장을 두 바퀴씩 뜁니다. 재석이가 오늘 아침에 운동장을 뛴 거리는 몇 m입니까?

( )

● 다음을 읽고 물음에 답하시오.

(1) 주차장에 자동차가 **94**대 주차되어 있습니다. 오전에 **58**대가 빠져 나갔습니다. 주차장에 남아 있는 자동차는 몇 대입니까?

(   )

(2) 지영이가 우리나라 우표를 **310**장, 외국 우표를 **94**장 모았습니다. 우리나라 우표는 외국 우표보다 몇 장 더 많이 모았습니까?

(   )

(3) 과수원에서 포도를 땄습니다. 아버지는 **241**송이를 땄고, 진영이는 **46**송이를 땄습니다. 아버지는 진영이보다 몇 송이 더 땄습니까?

(   )

(4) 발명품 전시회에 어린이 462명이 참가하였습니다. 그 중 남자 어린이는 246명입니다. 발명품 전시회에 참가한 여자 어린이는 몇 명입니까?

( )

(5) 어느 토요일 동물원의 입장객 중 어른은 563명, 어린이는 375명입니다. 이 날 입장객 중 어른은 어린이보다 몇 명 더 많습니까?

( )

(6) 지호와 명준이는 달리기를 하였습니다. 지호는 706 m를 달렸고, 명준이는 624 m를 달렸습니다. 지호는 명준이보다 몇 m 더 많이 달렸습니까?

( )

정 답

1	2	3	4	5	6	7	8
(1) 20	(9) 60	(1) 30	(9) 51	(1) 100	(9) 118	(1) 100	(9) 141
(2) 30	(10) 52	(2) 30	(10) 81	(2) 110	(10) 135	(2) 100	(10) 141
(3) 53	(11) 63	(3) 40	(11) 71	(3) 100	(11) 125	(3) 110	(11) 100
(4) 54	(12) 68	(4) 50	(12) 60	(4) 100	(12) 105	(4) 98	(12) 120
(5) 43	(13) 88	(5) 51	(13) 71	(5) 50	(13) 94	(5) 101	(13) 111
(6) 46	(14) 68	(6) 62	(14) 79	(6) 112	(14) 138	(6) 132	(14) 112
(7) 49	(15) 73	(7) 52	(15) 80	(7) 123	(15) 139	(7) 112	(15) 110
(8) 48	(16) 87	(8) 62	(16) 92	(8) 118	(16) 128	(8) 102	(16) 162

9	10	11	12	13	14	15	16
(1) 110	(9) 111	(1) 23	(9) 47	(1) 206	(9) 433	(1) 214	(9) 221
(2) 102	(10) 151	(2) 130	(10) 141	(2) 308	(10) 371	(2) 121	(10) 450
(3) 100	(11) 121	(3) 104	(11) 117	(3) 414	(11) 679	(3) 412	(11) 387
(4) 120	(12) 100	(4) 70	(12) 64	(4) 339	(12) 258	(4) 388	(12) 575
(5) 117	(13) 141	(5) 132	(13) 101	(5) 692	(13) 399	(5) 460	(13) 694
(6) 132	(14) 139	(6) 105	(14) 119	(6) 364	(14) 298	(6) 582	(14) 297
(7) 112	(15) 140	(7) 63	(15) 76	(7) 459	(15) 558	(7) 371	(15) 792
(8) 99	(16) 142	(8) 102	(16) 103	(8) 549	(16) 497	(8) 295	(16) 442

17	18	19	20	21	22	23	24
(1) 320	(9) 339	(1) 300	(9) 424	(1) 1000	(9) 432	(1) 230	(9) 639
(2) 430	(10) 402	(2) 700	(10) 600	(2) 1000	(10) 519	(2) 243	(10) 770
(3) 502	(11) 632	(3) 504	(11) 521	(3) 1001	(11) 652	(3) 326	(11) 440
(4) 391	(12) 839	(4) 603	(12) 822	(4) 1004	(12) 1000	(4) 293	(12) 899
(5) 533	(13) 504	(5) 607	(13) 1010	(5) 1000	(13) 1012	(5) 390	(13) 660
(6) 336	(14) 947	(6) 407	(14) 504	(6) 1000	(14) 1001	(6) 447	(14) 502
(7) 208	(15) 769	(7) 351	(15) 768	(7) 1034	(15) 1000	(7) 221	(15) 866
(8) 615	(16) 569	(8) 212	(16) 931	(8) 1009	(16) 1031	(8) 508	(16) 1000

25	26	27	28	29	30	31	32
(1) 300	(9) 445	(1) 210	(9) 453	(1) 500	(9) 915	(1) 1000	(9) 1245
(2) 540	(10) 783	(2) 550	(10) 790	(2) 400	(10) 933	(2) 1140	(10) 1483
(3) 480	(11) 227	(3) 591	(11) 934	(3) 513	(11) 517	(3) 1080	(11) 1027
(4) 536	(12) 898	(4) 540	(12) 856	(4) 606	(12) 648	(4) 1236	(12) 1598
(5) 489	(13) 399	(5) 490	(13) 352	(5) 499	(13) 839	(5) 1089	(13) 1099
(6) 558	(14) 778	(6) 461	(14) 784	(6) 627	(14) 708	(6) 1058	(14) 1178
(7) 282	(15) 999	(7) 288	(15) 968	(7) 282	(15) 969	(7) 982	(15) 1299
(8) 387	(16) 668	(8) 393	(16) 672	(8) 437	(16) 838	(8) 1087	(16) 1068

MD01

33	34	35	36	37	38	39	40
(1) 310	(9) 533	(1) 1010	(9) 1000	(1) 1100	(9) 1330	(1) 500	(9) 485
(2) 600	(10) 861	(2) 1050	(10) 1090	(2) 1150	(10) 1370	(2) 560	(10) 790
(3) 502	(11) 311	(3) 1294	(11) 1002	(3) 1053	(11) 1101	(3) 530	(11) 1031
(4) 610	(12) 973	(4) 1040	(12) 1107	(4) 1200	(12) 1504	(4) 540	(12) 911
(5) 501	(13) 430	(5) 1090	(13) 1269	(5) 1247	(13) 1002	(5) 1289	(13) 883
(6) 631	(14) 831	(6) 1065	(14) 1208	(6) 1234	(14) 1105	(6) 635	(14) 808
(7) 411	(15) 966	(7) 1091	(15) 1069	(7) 1050	(15) 1008	(7) 1090	(15) 1080
(8) 394	(16) 721	(8) 1193	(16) 1438	(8) 1234	(16) 1603	(8) 1127	(16) 672

MD02

1	2	3	4	5	6	7	8
(1) 73	(9) 48	(1) 90	(9) 107	(1) 105	(9) 119	(1) 124	(9) 96
(2) 55	(10) 68	(2) 91	(10) 130	(2) 90	(10) 126	(2) 143	(10) 83
(3) 88	(11) 56	(3) 84	(11) 92	(3) 81	(11) 117	(3) 115	(11) 124
(4) 72	(12) 87	(4) 92	(12) 128	(4) 114	(12) 86	(4) 133	(12) 111
(5) 85	(13) 63	(5) 43	(13) 125	(5) 181	(13) 64	(5) 143	(13) 143
(6) 77	(14) 65	(6) 49	(14) 133	(6) 126	(14) 155	(6) 110	(14) 72
(7) 79	(15) 94	(7) 93	(15) 72	(7) 65	(15) 103	(7) 100	(15) 148
(8) 67	(16) 59	(8) 74	(16) 127	(8) 62	(16) 95	(8) 121	(16) 111

9	10	11	12	13	14	15	16
(1) 47	(9) 141	(1) 427	(9) 371	(1) 192	(9) 846	(1) 289	(9) 365
(2) 125	(10) 125	(2) 547	(10) 515	(2) 481	(10) 480	(2) 747	(10) 691
(3) 109	(11) 130	(3) 639	(11) 622	(3) 194	(11) 702	(3) 876	(11) 881
(4) 110	(12) 104	(4) 468	(12) 711	(4) 212	(12) 764	(4) 631	(12) 550
(5) 131	(13) 155	(5) 838	(13) 472	(5) 184	(13) 240	(5) 434	(13) 763
(6) 136	(14) 133	(6) 729	(14) 732	(6) 261	(14) 603	(6) 558	(14) 450
(7) 101	(15) 125	(7) 3268	(15) 4580	(7) 5092	(15) 4860	(7) 3284	(15) 1170
(8) 92	(16) 100	(8) 636	(16) 590	(8) 361	(16) 900	(8) 924	(16) 140

17	18	19	20	21	22	23	24
(1) 837	(9) 873	(1) 254	(9) 325	(1) 507	(9) 943	(1) 221	(9) 505
(2) 918	(10) 656	(2) 526	(10) 381	(2) 712	(10) 600	(2) 1000	(10) 647
(3) 828	(11) 291	(3) 616	(11) 829	(3) 424	(11) 521	(3) 326	(11) 415
(4) 735	(12) 351	(4) 765	(12) 249	(4) 210	(12) 310	(4) 553	(12) 753
(5) 737	(13) 673	(5) 807	(13) 490	(5) 811	(13) 1049	(5) 1040	(13) 860
(6) 629	(14) 529	(6) 671	(14) 592	(6) 635	(14) 341	(6) 611	(14) 931
(7) 1601	(15) 7492	(7) 1103	(15) 4717	(7) 2122	(15) 3722	(7) 5620	(15) 7311
(8) 348	(16) 849	(8) 568	(16) 929	(8) 320	(16) 410	(8) 824	(16) 552

25	26	27	28	29	30	31	32
(1) 654	(9) 760	(1) 827	(9) 1167	(1) 1055	(9) 1337	(1) 632	(9) 1351
(2) 889	(10) 681	(2) 907	(10) 1083	(2) 883	(10) 815	(2) 912	(10) 1280
(3) 768	(11) 894	(3) 657	(11) 1395	(3) 708	(11) 616	(3) 832	(11) 1382
(4) 889	(12) 765	(4) 928	(12) 1495	(4) 1287	(12) 1179	(4) 420	(12) 1115
(5) 627	(13) 690	(5) 895	(13) 1173	(5) 1587	(13) 894	(5) 631	(13) 1270
(6) 789	(14) 566	(6) 739	(14) 1289	(6) 962	(14) 728	(6) 922	(14) 1041
(7) 1467	(15) 2772	(7) 7628	(15) 5299	(7) 3645	(15) 4069	(7) 1710	(15) 2384
(8) 557	(16) 872	(8) 829	(16) 1564	(8) 609	(16) 492	(8) 300	(16) 1560

33	34	35	36	37	38	39	40
(1) 1016	(9) 911	(1) 631	(9) 1135	(1) 1012	(9) 1182	(1) 1080	(9) 1216
(2) 1210	(10) 1060	(2) 1019	(10) 1311	(2) 1063	(10) 1210	(2) 851	(10) 821
(3) 1126	(11) 810	(3) 1207	(11) 1011	(3) 1242	(11) 1341	(3) 1281	(11) 521
(4) 1209	(12) 1036	(4) 1220	(12) 1000	(4) 1409	(12) 854	(4) 643	(12) 1000
(5) 1347	(13) 1263	(5) 1219	(13) 1404	(5) 1162	(13) 1420	(5) 822	(13) 1146
(6) 1029	(14) 1316	(6) 422	(14) 1170	(6) 1241	(14) 623	(6) 1191	(14) 743
(7) 3118	(15) 4291	(7) 5234	(15) 6102	(7) 1500	(15) 5526	(7) 6712	(15) 6218
(8) 1018	(16) 421	(8) 1008	(16) 1408	(8) 1470	(16) 1110	(8) 1370	(16) 880

1	2	3	4	5	6	7	8
(1) 11	(9) 23	(1) 12	(9) 5	(1) 18	(9) 6	(1) 59	(9) 5
(2) 12	(10) 20	(2) 22	(10) 9	(2) 37	(10) 19	(2) 38	(10) 8
(3) 8	(11) 2	(3) 51	(11) 19	(3) 27	(11) 37	(3) 44	(11) 38
(4) 12	(12) 24	(4) 32	(12) 27	(4) 26	(12) 19	(4) 27	(12) 39
(5) 1	(13) 12	(5) 41	(13) 8	(5) 5	(13) 37	(5) 28	(13) 26
(6) 4	(14) 50	(6) 11	(14) 9	(6) 14	(14) 7	(6) 48	(14) 27
(7) 20	(15) 54	(7) 15	(15) 18	(7) 38	(15) 24	(7) 18	(15) 26
(8) 33	(16) 41	(8) 73	(16) 18	(8) 46	(16) 66	(8) 28	(16) 6

9	10	11	12	13	14	15	16
(1) 110	(9) 513	(1) 219	(9) 516	(1) 180	(9) 562	(1) 138	(9) 462
(2) 300	(10) 603	(2) 109	(10) 618	(2) 96	(10) 791	(2) 292	(10) 925
(3) 653	(11) 720	(3) 438	(11) 719	(3) 250	(11) 572	(3) 150	(11) 741
(4) 430	(12) 817	(4) 508	(12) 919	(4) 391	(12) 681	(4) 507	(12) 560
(5) 100	(13) 420	(5) 319	(13) 618	(5) 92	(13) 656	(5) 250	(13) 739
(6) 300	(14) 323	(6) 107	(14) 907	(6) 281	(14) 772	(6) 428	(14) 891
(7) 116	(15) 580	(7) 419	(15) 817	(7) 173	(15) 471	(7) 471	(15) 503
(8) 306	(16) 714	(8) 329	(16) 709	(8) 473	(16) 881	(8) 361	(16) 828

17	18	19	20	21	22	23	24
(1) 55	(9) 556	(1) 87	(9) 379	(1) 18	(9) 319	(1) 482	(9) 280
(2) 184	(10) 648	(2) 337	(10) 515	(2) 127	(10) 28	(2) 166	(10) 192
(3) 257	(11) 869	(3) 458	(11) 437	(3) 536	(11) 216	(3) 161	(11) 152
(4) 349	(12) 589	(4) 143	(12) 718	(4) 328	(12) 348	(4) 120	(12) 186
(5) 388	(13) 778	(5) 259	(13) 568	(5) 119	(13) 348	(5) 73	(13) 80
(6) 477	(14) 675	(6) 479	(14) 874	(6) 326	(14) 818	(6) 443	(14) 175
(7) 568	(15) 879	(7) 158	(15) 667	(7) 223	(15) 229	(7) 393	(15) 264
(8) 431	(16) 766	(8) 331	(16) 843	(8) 6317	(16) 3212	(8) 2490	(16) 3590

25	26	27	28	29	30	31	32
(1) 274	(9) 187	(1) 207	(9) 183	(1) 225	(9) 362	(1) 281	(9) 183
(2) 315	(10) 12	(2) 143	(10) 428	(2) 8	(10) 219	(2) 108	(10) 407
(3) 92	(11) 93	(3) 243	(11) 297	(3) 31	(11) 390	(3) 407	(11) 456
(4) 16	(12) 419	(4) 214	(12) 309	(4) 190	(12) 182	(4) 154	(12) 242
(5) 291	(13) 182	(5) 114	(13) 608	(5) 205	(13) 203	(5) 224	(13) 517
(6) 261	(14) 227	(6) 471	(14) 62	(6) 305	(14) 281	(6) 344	(14) 214
(7) 307	(15) 162	(7) 328	(15) 92	(7) 270	(15) 573	(7) 54	(15) 270
(8) 2497	(16) 4205	(8) 1182	(16) 5126	(8) 3208	(16) 2194	(8) 2182	(16) 4101

MD03

33	34	35	36	37	38	39	40
(1) 99	(9) 176	(1) 295	(9) 95	(1) 265	(9) 55	(1) 164	(9) 68
(2) 298	(10) 475	(2) 197	(10) 163	(2) 46	(10) 277	(2) 54	(10) 77
(3) 195	(11) 396	(3) 45	(11) 265	(3) 88	(11) 188	(3) 167	(11) 186
(4) 376	(12) 239	(4) 411	(12) 257	(4) 63	(12) 245	(4) 175	(12) 225
(5) 374	(13) 283	(5) 85	(13) 269	(5) 279	(13) 75	(5) 158	(13) 76
(6) 258	(14) 464	(6) 359	(14) 256	(6) 274	(14) 288	(6) 189	(14) 289
(7) 265	(15) 179	(7) 178	(15) 504	(7) 288	(15) 287	(7) 179	(15) 169
(8) 3186	(16) 6586	(8) 6467	(16) 7189	(8) 3186	(16) 4074	(8) 3169	(16) 5288

MD04

1	2	3	4	5	6	7	8
(1) 22	(9) 12	(1) 12	(9) 15	(1) 7	(9) 17	(1) 35	(9) 26
(2) 12	(10) 11	(2) 16	(10) 18	(2) 34	(10) 16	(2) 9	(10) 44
(3) 24	(11) 24	(3) 36	(11) 9	(3) 49	(11) 47	(3) 35	(11) 6
(4) 16	(12) 21	(4) 27	(12) 16	(4) 13	(12) 29	(4) 8	(12) 25
(5) 21	(13) 21	(5) 5	(13) 9	(5) 33	(13) 57	(5) 29	(13) 28
(6) 34	(14) 11	(6) 13	(14) 15	(6) 18	(14) 18	(6) 19	(14) 19
(7) 54	(15) 22	(7) 23	(15) 36	(7) 69	(15) 36	(7) 18	(15) 36
(8) 20	(16) 36	(8) 19	(16) 19	(8) 26	(16) 27	(8) 18	(16) 28

9	10	11	12	13	14	15	16
(1) 9	(9) 17	(1) 683	(9) 659	(1) 457	(9) 499	(1) 760	(9) 316
(2) 28	(10) 16	(2) 561	(10) 539	(2) 519	(10) 485	(2) 812	(10) 636
(3) 19	(11) 2	(3) 381	(11) 332	(3) 338	(11) 699	(3) 623	(11) 436
(4) 12	(12) 11	(4) 751	(12) 452	(4) 229	(12) 829	(4) 540	(12) 731
(5) 19	(13) 14	(5) 273	(13) 737	(5) 187	(13) 928	(5) 512	(13) 919
(6) 18	(14) 17	(6) 491	(14) 367	(6) 287	(14) 793	(6) 132	(14) 857
(7) 57	(15) 36	(7) 2853	(15) 1626	(7) 3417	(15) 2606	(7) 4412	(15) 3514
(8) 19	(16) 46	(8) 941	(16) 246	(8) 458	(16) 712	(8) 252	(16) 255

17	18	19	20	21	22	23	24
(1) 317	(9) 184	(1) 217	(9) 625	(1) 327	(9) 91	(1) 175	(9) 778
(2) 473	(10) 360	(2) 318	(10) 482	(2) 380	(10) 145	(2) 89	(10) 694
(3) 393	(11) 307	(3) 119	(11) 915	(3) 91	(11) 257	(3) 289	(11) 586
(4) 80	(12) 656	(4) 382	(12) 781	(4) 308	(12) 105	(4) 19	(12) 476
(5) 82	(13) 592	(5) 282	(13) 708	(5) 429	(13) 276	(5) 389	(13) 578
(6) 691	(14) 228	(6) 381	(14) 591	(6) 129	(14) 388	(6) 484	(14) 875
(7) 6861	(15) 7787	(7) 2291	(15) 4633	(7) 3180	(15) 3217	(7) 6378	(15) 5441
(8) 770	(16) 904	(8) 52	(16) 655	(8) 235	(16) 448	(8) 231	(16) 335

25	26	27	28	29	30	31	32
(1) 677	(9) 215	(1) 120	(9) 225	(1) 109	(9) 191	(1) 407	(9) 44
(2) 775	(10) 381	(2) 42	(10) 242	(2) 128	(10) 83	(2) 347	(10) 274
(3) 469	(11) 762	(3) 112	(11) 111	(3) 313	(11) 292	(3) 307	(11) 172
(4) 601	(12) 589	(4) 20	(12) 247	(4) 128	(12) 183	(4) 517	(12) 182
(5) 428	(13) 81	(5) 221	(13) 221	(5) 209	(13) 280	(5) 616	(13) 381
(6) 876	(14) 203	(6) 200	(14) 241	(6) 18	(14) 183	(6) 108	(14) 185
(7) 7749	(15) 8656	(7) 6252	(15) 4120	(7) 2224	(15) 3274	(7) 5203	(15) 7384
(8) 506	(16) 878	(8) 231	(16) 421	(8) 117	(16) 21	(8) 328	(16) 392

33	34	35	36	37	38	39	40
(1) 182	(9) 317	(1) 90	(9) 273	(1) 207	(9) 192	(1) 186	(9) 278
(2) 309	(10) 182	(2) 128	(10) 89	(2) 488	(10) 277	(2) 469	(10) 479
(3) 29	(11) 318	(3) 408	(11) 174	(3) 189	(11) 488	(3) 279	(11) 88
(4) 181	(12) 181	(4) 80	(12) 183	(4) 274	(12) 434	(4) 269	(12) 689
(5) 209	(13) 62	(5) 519	(13) 387	(5) 127	(13) 787	(5) 298	(13) 272
(6) 272	(14) 206	(6) 291	(14) 586	(6) 259	(14) 689	(6) 205	(14) 114
(7) 2208	(15) 8284	(7) 4072	(15) 3476	(7) 5087	(15) 6058	(7) 5278	(15) 4278
(8) 282	(16) 17	(8) 90	(16) 44	(8) 286	(16) 222	(8) 132	(16) 541

1	2	3	4
(1) 42	(9) 326	(1) 582	(9) 29
(2) 101	(10) 503	(2) 563	(10) 16
(3) 146	(11) 681	(3) 728	(11) 15
(4) 54	(12) 168	(4) 377	(12) 16
(5) 83	(13) 369	(5) 1364	(13) 28
(6) 118	(14) 643	(6) 915	(14) 38
(7) 75	(15) 881	(7) 1476	(15) 65
(8) 148	(16) 435	(8) 682	(16) 37

5	6	7	8
(1) 55	(9) 155	(1) 71, 103	(5) 18, 57
(2) 229	(10) 117	(2) 500, 762	(6) 189, 604
(3) 384	(11) 192	(3) 556, 728	(7) 194, 352
(4) 323	(12) 242	(4) 655, 971	(8) 278, 585
(5) 464	(13) 317		
(6) 595	(14) 289		
(7) 757	(15) 562		
(8) 707	(16) 615		

9

(1) + →, ↓+

16	34	50
57	28	85
73	62	

(2)

47	26	73
45	38	83
92	64	

(3)

245	62	307
17	438	455
262	500	

(4)

386	29	415
24	561	585
410	590	

10

(5) + →, ↓+

162	234	396
338	529	867
500	763	

(6)

349	351	700
126	474	600
475	825	

(7)

514	429	943
386	221	607
900	650	

(8)

608	853	1461
792	115	907
1400	968	

11

(1) − →, ↓−

62	45	17
36	17	19
26	28	

(2)

91	63	28
45	26	19
46	37	

(3)

502	73	429
54	28	26
448	45	

(4)

843	96	747
68	39	29
775	57	

12

(5) − →, ↓−

637	462	175
315	147	168
322	315	

(6)

712	424	288
543	256	287
169	168	

(7)

850	453	397
672	158	514
178	295	

(8)

943	547	396
638	299	339
305	248	

13
(1) 63쪽
(2) 210개
(3) 203권

14
(4) 372장
(5) 820개
(6) 1536 m

15
(1) 36대
(2) 216장
(3) 195송이

16
(4) 216명
(5) 188명
(6) 82 m